1　ナガサキアゲハ（白化・有尾型）

2　ナガサキアゲハ（白化・無尾型）

3　ウスイロコノマチョウ

4　カルデナトガリシロチョウ

5　マルバネルリマダラ

6　バナナセセリ

7　マレーアトグロキチョウ

ii

8　ガド山調査区のドリアン園

9　アノマムラサキ

10　ラリアチビイシガキ

11　リンケウスオオゴマダラ

12　ネロトガリシロチョウ

13　アサギシロチョウ

14 オルフェルナトガリシロチョウ

15 リンキダトガリシロチョウ(タイワンシロチョウ)(雄雌・表面)

16 リンキダトガリシロチョウ(タイワンシロチョウ)(雄雌・裏面)

17 アカネシロチョウ(雄雌・表面)

18 アカネシロチョウ(雄雌・裏面)

iv

19　ベニモンシロチョウ（雄雌・表面）

20　ベニモンシロチョウ（雄雌・裏面）

21　ウラナミシロチョウ（雄雌・表面）

22　ウラナミシロチョウ（雄雌・裏面）

23　キシタウスキチョウ（雄雌・表面）

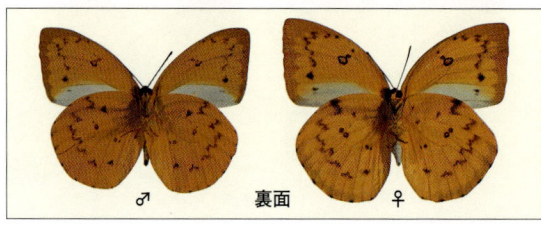

24　キシタウスキチョウ（雄雌・裏面）

25 ヒメイチモンジセセリ
（表面，裏面）

26 アポスタタイチモンジセセリ（表面，裏面）

27 キモンチャバネセセリ
（表面，裏面）

28 アグナチャバネセセリ
（表面，裏面）

29 ヤシセセリ
（表面，裏面）

30 ネッタイアカセセリ
（表面，裏面）

31 ニセキマダラセセリ
（表面，裏面）

32 ハヤシキマダラセセリ
（表面，裏面）

33 キマダラセセリ
（表面，裏面）

34 トラカラキマダラセセリ
（表面，裏面）

35 パラリソスクロセセリ

36 シロシタセセリ

37　ディアルディニセムラサキシジミ

38　ホリイコシジミ（表面）　39　ホリイコシジミ（裏面）

40　フェルダーウラギンシジミ

41　ウラナミシジミ（表面，裏面）

42　エルナシロサカハチシジミ

43　コシロウラナミシジミ（表面，裏面）

44　ホルスフィールドエビアシシジミ

45　ドウビオサヒメウラナミシジミ（表面，裏面）

46 オナシアゲハ（雄雌）

47 シロオビアゲハ（白帯型）

48 シロオビアゲハ（赤紋型）

49 ベニモンアゲハ

50 コモンタイマイ

51　ツマムラサキマダラ（ウル・ガド産）

52　ブルガリスヒメゴマダラ

53　ツマムラサキマダラ（ガド山産）

54　アスパシアアサギマダラ

55　カバマダラ（雄雌）

56　スジグロカバマダラ

57　カバマダラに擬態したメティプセアハレギチョウ
　　（タテハチョウ科）

x

58 ネサエアルリモンジャノメ (表面)　　59 ネサエアルリモンジャノメ (裏面)

60 ヒメヒトツメジャノメ (雄雌)　　61 ホルスフィエルディコジャノメ (雄雌)

62 ミネウスコジャノメ (雄雌)　　63 メドウスニセコジャノメ (雄雌)

64 ウル・ガドの庭 (ウル・ガド調査区)

65 イワサキタテハモドキ（表面，裏面） 　　66 クロタテハモドキ

67 ハイイロタテハモドキ（雄雌）

68 タテハモドキ（雄雌）

69 アオタテハモドキ（雄雌）

70 リュウキュウミスジ（雄雌）

71 ミナミイチモンジ（シロミスジ）

72 チャイロイチモンジ

73 パラカキンミスジ

74 イリラミスジ

xiii

75 タイワンキマダラ

76 オリッサミナミヒョウモン

77 モニナイナズマ

78 アコンティアイナズマ（雄雌）

79 アドニアイナズマ

80 ディルテアオオイナズマ

81 ホソチョウ

82 フィデプスコウモリワモン（雄雌）

83 ウスキシロチョウ
（雌雄・裏面・ムモン型）

84 ウスキシロチョウ
（雌雄・裏面・ギンモン型）

85 ウスイロコノマチョウ（乾季型・表面）

86 ウスイロコノマチョウ（乾季型・裏面）

87 バリサン山脈の日の出

88 インド洋の日没。水平線正面の黒い影は積乱雲，右手に平たく見えるのはサンゴ礁

XV

89 ホシボシキチョウ（雄雌）

90 ブランダキチョウ（タイワンキチョウ）（雄雌）

91 ヘカベキチョウ（キチョウ）（雄雌）

92 アリタキチョウ（雄雌）

93　ムモンキチョウ（雄雌）　　　　　　　　94　ゴブリアストガリキチョウ

95　サリキチョウ（雄雌）　　　　　　　　96　サリキチョウ（裏面）

97　高原の町スカラミにある西スマトラ州立農事試験場の牧草地　　98　牧草地で多く発生したホシボシキチョウ

kupu-kupuの楽園

熱帯の里山とチョウの多様性

大串龍一 著

海游舎

まえがき

　1964年に初めて当時のベトナムのサイゴン（現在のホーチミン）空港に降り立ってから38年，私はアジア熱帯と亜熱帯の自然を見てきた。はじめの頃の私の主な関心は，昆虫，特に狩り蜂の社会生態にあった。このテーマは，私の高校時代からの個人的指導者だった故岩田久二雄先生の影響で，岩田さんはじめ数人の研究者によって開拓された日本のハチの比較習性学の伝統を継ぐつもりだった。私の関心は，社会性のハチと単独性のハチの中間にあって，ハチの社会進化をたどるうえでのミッシング・リングともいうべき亜社会性のグループに集中していた。なかでも東南アジア特産と考えられていたハラボソバチ亜科のハチの社会生態に興味があった。フィリピンにおけるこのハチの生態を初めて世界に紹介したウィリアムスの論文を読みながら，この特殊な生態のハチを生み出したアジア熱帯とはどんな所だろうかと想像した。

　同時に，私は大学で生態学を学び始めた頃から，生態学のなかでも山や川などの自然の構造と，それに対応した生物群集のあり方に興味をもち始めた。私が京都の大学へ進んだとき，当時，香川農林専門学校（現在の香川大学農学部）におられた岩田さんから，今後指導を受けるべき方として紹介された今西錦司さんの生物共同体論（一般には「棲み分け理論」として知られている）に強く影響されたからである。私はその影響のもとに，卒業論文として四国の徳島市の南にある中津峰山の北斜面で，一つの山のさまざまな植生の配置と，それに応じたセミ各種の棲み分けをもとにしたセミ群集の動きを研究して，暖温帯の一つの山と，そこに成立している生物群集の一端に実際に触れたように思った。さらに，この日本の自然と比較するうえで，熱帯や寒帯，あるいは密

林や砂漠といった，日本と違った自然に関する興味が広がった。亜社会性ハチの社会と習性を研究したいという希望と，日本と違った山や川とその生物群集を見たいという願望とが，しだいに多雨熱帯アジアの森に焦点を合わせていった。

　私は野外生物群集の研究を始めてから，熱帯の自然とはどんなものかと考えてきた。私が1964年以来の，数週間あるいはせいぜい1ヵ月ほどの調査旅行で見た熱帯アジアの山や川や村々は，はじめの何回かの見聞では，よく熱帯についての本や写真集にあるようなきらびやかなものだった。しかし繰り返し訪れて見慣れてくると，この異郷の村や山の風景は，どちらかといえば平凡なものになっていった。

　東南アジアの，タイやマレーシアやインドネシアの村や里山や森を訪れた直後は，生まれて初めて体験する珍しい風景や，違った文化をもった人々の暮らしに触れて感激する。私が仕事場にした地方は，主に水田稲作地帯のせいもあるが，青々と広がる水田地帯の村々に椰子が高く生えて，家々を囲んでバナナが茂り，ポインセチアや火炎木の赤い花が彩っているのを見ると，あこがれの熱帯へきたという感じを新たにする。しかしその中で暮らしていると，やがて椰子やバナナや梢(こずえ)の赤い花々にも慣れて，あるべきものがそこにあるといった，ごく当たり前の自然に見えてくる。ゾウやトラが出てくるわけでもないし，赤や緑の大きなチョウが飛び回っているわけでもない。1年中いつも単調な緑の水田や畑，野原や森が広がって，小さな白いチョウなどが飛ぶのがチラチラと見えるだけである。日本の四季の，鮮やかな自然の移り変わりを見てきたものには，むしろ変化に乏しいつまらない自然に見えてくる。

　しかし熱帯の自然のなかに身を浸していると，やがてこの野山や村々は，表面的には日本の村々や里山・里地とよく似ている所がたくさんある一方，どこか日本と違った所も多いという感じがしてくる。そのどこがどう違っているのか，おそらくそれが「熱

帯」というものの特性であろうという，その"どこか"と"どう"を求めて，私はこの熱帯アジアの野山や村々を歩き，自然の動きと人々の暮らしを眺めたり触れてきた。熱帯の自然を理解するために私が手がかりとしたのは，主にそこに生きている昆虫たちであった。

　この本で述べる研究の大半は，私が1995年から1997年にかけて国際協力事業団（JICA）の長期派遣専門家として，インドネシアの西スマトラ州パダン市に滞在していたときに集めた資料によっている。そのときの私の仕事は，パダンにあるインドネシア国立アンダラス大学の理学部生物学科で，そこの教員の方々とともに，熱帯アジアの野外生物学研究の方法や技術を作ることだった。熱帯の自然のなかで，珍しい動植物の資料を集めたり，先進国の産業や医療に有用な遺伝子資源を探索するのではなく，そこに住む人たちが，その地に本来あった山や川や動植物を生かして，よりよい生活をしていくために，その土地土地で違っている自然の仕組みを，自分の目で見直すことができる研究者を養成することが，われわれのプロジェクトの目標だった。そのためには，まず私自身がこの多雨熱帯の自然をよく知らなくてはならない。その作業の一つが，この本で述べるチョウの生態研究だった。

　これはアンダラス大学の人たちと共同で行っている調査研究の一部でもあった。ただしここで述べるウル・ガド地区とガド山地区の研究資料は，すべて私自身がとったデータである。シピサン村の調査はアンダラス大学のシティ・サルマァ教授を中心とする研究グループと共同で行った仕事のうち，私が得た資料に基づいている。シティさんたちの研究結果は別に報告されている。この本では触れていないが，同じ大学のイズミアルティ講師とその学生たちとともに行った，西スマトラの河川や湖沼の水生昆虫の生態調査も，イズミアルティさんたちによって順次報告されている。

　私たちの従事したJICAの仕事は，ミニ・プロジェクト「野外

生物学における研究協力と研究者養成」として，1994年から1997年まで実施された。プロジェクトの現地派遣専門家の代表は，前半はこの計画の立案・推進者として絶大な貢献をされた川村俊蔵さん（京都大学名誉教授）が担当され，後半は私が担当した。そうしてその間，若い鳥類研究者の小林浩さんが，同じく長期派遣専門家として，私たちと一緒にこのプロジェクトを進めた。海外青年協力隊から始まって，その当時すでにインドネシア滞在が通算7年を越えた小林さんの達者なインドネシア語は，インドネシアの大学や各種行政機関をはじめ，町や村の人たちとの交渉を円滑に進めるうえで大きな力になった。

　私の仕事は，動植物から農業・土壌さらに人文地理にまたがるこのプロジェクト全体の進行を見守り，日本側とインドネシア側の調整をしながら，自分の分担である昆虫を主とした動物生態の研究協力をすることだった。私の分担した昆虫生態研究の中心となったのが，ここで述べるチョウの生態調査である。この本では，西スマトラの山野で2年間，チョウの生態を通して熱帯の自然を眺めながら考えたことを，カラー写真を混じえてまとめた。

　この本は私の個人的な印象や，現地における個人的な観察を中心に書いてある。私の本来の仕事であったインドネシアの研究者・学生との研究協力と研究者養成の活動は，正式の業務報告としてまとめて，協力事業団のほうに提出した。ここではその仕事をめぐる挿話の一部しか取り上げていない。また西スマトラの町や村で，私が関心をもって，勤務の空き時間を利用して調べた，パダン市における都市ゴミ処理の状況や，郊外農村の人々の，生活と農作業と，里山や野川や森などの自然環境との関係なども，今後，できるだけまとめてみたいと思っている。

　チョウの生活を主題としたこの本では，私が赤道直下の西スマトラで，2年間に観察し続けたチョウの成虫の動き，その発生消長，活動する場所とその環境，活動の仕方やその特徴，それらを通して見えてくる多雨熱帯という環境の生態的な特性などをまと

めた。特にコレクターの人たちの注目をひかない，ごく普通の熱帯のチョウが，どのようにして生きているかを記録することに力を入れた。大きくてきらびやかな珍しいチョウよりも，どこにでもいて目立たない地味なチョウに注目したのが，この本の特徴といってもよいだろう。

　熱帯アジアの国々は，今，急速に変化しつつある。私が初めてインドネシアを訪れたのは1979年である。もう20年余りの昔になるが，この20年の間に，熱帯アジアの自然も社会も目ざましく変わった。緑濃い木陰に赤い屋根の低い家並が広がっていたインドネシアの首都ジャカルタは，世界のどこの都市にも劣らない高層建築の立ち並ぶ，近代的な都会になってきた。世界でも最も豊かな自然のままの森や海をもっていたジャワやスマトラの山野や海浜も，大きな自動車道路が走り，工場の立ち並ぶ土地に変わりつつある。住んでいる人たちの衣装や暮らしぶりも，かつての長閑な町や村の面影は年とともに薄れてきた。

　私はこの熱帯の国の変化を見ながら，こうしたとどめがたい社会の変化に伴って，日に日に変わっていく多雨熱帯の農山村の自然を，記録にとどめようとしてきた。その一つの試みが，ここに記録した西スマトラのチョウをめぐる野原や森と村々の姿である。

目　次

1 **西スマトラ，自然と人々**
　1-1　ミナンカバウの国 —— 西スマトラ ……………………… 11
　1-2　パダンの日々 …………………………………………… 20

2 **研究の始まり**
　2-1　新しい研究の狙い ……………………………………… 27
　2-2　チョウを取り上げた理由 ……………………………… 32
　2-3　アンダラス大学と私の研究室 ………………………… 36
　2-4　研究室の生活とスタッフの人たち …………………… 41

3 **熱帯アジアのチョウと向かいあって**
　3-1　ウル・ガドの庭 ………………………………………… 47
　3-2　スマトラのチョウとの2年間 ………………………… 52
　3-3　種数と個体数 —— チョウ群集の構成 ……………… 55

4 **多雨熱帯の山と村**
　4-1　補助調査地の目的 ……………………………………… 65
　4-2　山畑と原生林 —— ガド山調査区 …………………… 67
　4-3　ガド山のチョウ ………………………………………… 72
　4-4　熱帯の里山 —— シピサン調査区 …………………… 77
　4-5　シピサン村のたたずまいとチョウ …………………… 81
　4-6　山小屋の一夜 …………………………………………… 83
　4-7　里山のチョウ …………………………………………… 86
　　付録　シピサン村へ通う街道で見たもの …………………… 91

5 **スマトラのチョウ —— その生活と行動**
　5-1　熱帯のチョウの姿 ……………………………………… 95
　5-2　若い緑を求めて —— シロチョウ …………………… 97
　　　5-2-1　キチョウ群 ……………………………………… 98
　　　5-2-2　トガリシロチョウ群 …………………………… 98
　　　5-2-3　カザリシロチョウ群 …………………………… 100
　　　5-2-4　ウスキシロチョウ群 …………………………… 101

5-3 熱帯で進む種分化と繁栄 ──セセリチョウ ･････････ 103
　　5-3-1　ヤシセセリ群 ･･････････････････････････････ 105
　　5-3-2　チャバネセセリ群 ････････････････････････ 105
　　5-3-3　ネッタイアカセセリ ･･････････････････････ 106
　　5-3-4　キマダラセセリ群 ････････････････････････ 107
5-4 熱帯のチョウの少数派？──シジミチョウ ･･･････ 110
5-5 過去の栄華を追う森林種と新興の草原種
　　　　──アゲハチョウ ･･････････････････････････ 115
　　5-5-1　黒色アゲハ群 ･･････････････････････････････ 116
　　5-5-2　タイマイ類 ･･････････････････････････････ 118
　　5-5-3　オナシアゲハ ･･････････････････････････････ 119
5-6 毒を抱いて舞う天使──マダラチョウ ･････････ 121
　　5-6-1　ルリマダラ群 ･･････････････････････････････ 123
　　5-6-2　アサギマダラ群 ････････････････････････ 125
　　5-6-3　オオゴマダラ群 ････････････････････････ 125
　　5-6-4　カバマダラ群 ･･････････････････････････ 126
5-7 古典派と変化派──ジャノメチョウ ･･･････････ 127
　　5-7-1　ウラナミジャノメ，コジャノメ群 ･････････ 129
　　5-7-2　コノマチョウ群 ････････････････････････ 131

5-7-3　ルリモンジャノメ群 ･････････････････････････ 132
　5-8　多様な形と生き方 ── タテハチョウ ････････････ 133
　　　5-8-1　タテハモドキ群 ････････････････････････････ 135
　　　5-8-2　リュウキュウミスジとミナミイチモンジ ････ 138
　　　5-8-3　タイワンキマダラとミナミヒョウモン類 ････ 139
　　　5-8-4　イナズマチョウ群 ･･････････････････････････ 140
　　　5-8-5　華麗な熱帯のタテハ ──リュウキュウムラサキ,
　　　　　　ハレギチョウ,その他 ････････････････････ 142
　5-9　森の薄闇の中で ── ワモンチョウ ･･････････････ 143
　5-10　熱帯アジア草原の末裔？──ホソチョウ ･･･････ 146

6　熱帯のチョウの四季

　6-1　熱帯に四季はあるだろうか ････････････････････ 149
　6-2　熱帯の環境条件の年変化 ･･････････････････････ 152
　6-3　日長と生物季節 ･･････････････････････････････ 154
　6-4　多雨熱帯の生物季節 ･･････････････････････････ 158
　6-5　チョウの季節型について ･･････････････････････ 159
　　　6-5-1　ウスキシロチョウ ･･････････････････････････ 159
　　　6-5-2　ウスイロコノマチョウ ･･････････････････････ 160

パダンの街からガド山を見る（丹羽節子氏作図）

　　　　6-5-3　タテハモドキ ・・・・・・・・・・・・・・・・・・・・・・・・・・ 161
　　6-6　チョウ群集の年変動 ・・・・・・・・・・・・・・・・・・・・・・・・・・・・・・ 163
　　6-7　各種のチョウの個体数の年間変動 ・・・・・・・・・・・・・・・・・・ 166

7　翅の破れたチョウ —— ビーク・マークの生態学
　　7-1　翅の破れたチョウ　・・・・・・・・・・・・・・・・・・・・・・・・・・・・・・・ 171
　　7-2　翅の破損のタイプと破損率 ・・・・・・・・・・・・・・・・・・・・・・・ 174
　　7-3　翅の破れる理由，特にビーク・マークの問題 ・・・・・・・ 175
　　7-4　天敵による破損（？）の多い種と少ない種 ・・・・・・・・・ 180
　　7-5　シロオビアゲハの2型と擬態の効果 ・・・・・・・・・・・・・・・・ 183
　　7-6　チョウの捕食者は何か ・・・・・・・・・・・・・・・・・・・・・・・・・・・ 185

8　キチョウの世界
　　8-1　多様な熱帯アジアのキチョウ ・・・・・・・・・・・・・・・・・・・・・ 189
　　8-2　成虫の発生時期 ・・・・・・・・・・・・・・・・・・・・・・・・・・・・・・・・・ 193
　　8-3　成虫の活動場所 ・・・・・・・・・・・・・・・・・・・・・・・・・・・・・・・・・ 195
　　8-4　ホシボシキチョウの問題 ・・・・・・・・・・・・・・・・・・・・・・・・・ 198
　　8-5　揺れ動く熱帯アジアのキチョウ相 ・・・・・・・・・・・・・・・・・ 202

9　変わりゆく熱帯アジアの自然
　　9-1　フレーザーズ・ヒル再訪 ・・・・・・・・・・・・・・・・・・・・・・・・・ 205
　　9-2　荒れたマレー半島の自然 ・・・・・・・・・・・・・・・・・・・・・・・・・ 209
　　9-3　亡びゆく東南アジアのハラボソバチ ・・・・・・・・・・・・・・・ 210
　　9-4　スマトラの残された自然とその変化 ・・・・・・・・・・・・・・・ 214
　　9-5　チョウを通して熱帯アジアの自然の変化を追う ・・・・・ 218
　　9-6　熱帯アジアのチョウの多様性を支えるものは何か ・・・・ 222

おわりに　・・・ 227

本書で取り上げた西スマトラ州のチョウの種名一覧 ・・・・・・・・・・・ 229
　　索　引　・・ 234

（kupu-kupu とはインドネシア語でチョウのこと）

1

西スマトラ，自然と人々

1-1 ミナンカバウの国 ——西スマトラ

　スマトラは緑の森と火山と湖の大陸である。
　20世紀に独立したインドネシアの国は，広い東南アジアを南から包み込むように大きく広がった島々の帯から成り立っている。赤道に沿ったその東西の長さは3000km以上，大小の島々でき上がった国としては世界最大で，アジア熱帯地域の大半を含んでいる。1万3千はあるといわれる島々のなかでも目立って大きく，ほとんど大陸といってもよいのがイリアン・ジャヤ（ニューギニア），カリマンタン（ボルネオ），スマトラであり，それに次いで大きい島がスラウェシ（セレベス），ジャワ，ロンボック，チモールなどである。
　スマトラはインドネシアの島々の連なりの西の端にあり，東北にはマラッカ海峡を隔ててマレー半島と南シナ海に，西南は青いインド洋に面している（図1-1）。スマトラ島とはいっても本島だけで日本全土より広く，周りの島々をあわせると日本全土の2倍に近い大きさで，人口も1千万人を越えている広大な地域である。
　私が1979年にこのスマトラに初めて足を踏み入れたときは，まだ未開の原生林に広く覆われた不便な田舎だった。

スマトラというこの巨大な土地のイメージを伝えるには，赤道のあたりで島を横断した断面図で説明するとわかりやすいだろう。細長いサツマイモのような形をして西北から東南に伸びているスマトラ島の西側，インド洋（インドネシアの地図ではこの海をインドネシア洋といっている）沿いの海岸に沿って，脊梁山脈となるバリサン山脈が走っている。インド洋側は狭い海岸平野からすぐに急峻な傾斜面を登って，海抜1000m前後の高原地帯となっている。この高原のなかに海抜2000〜3000m級の火山が並んでいる。今も噴火したり山頂から白い水蒸気をあげているその火山の幾つかは富士山型の秀麗な姿をしている（写真1-1）。この高原は東に向かってしだいに高度を下げていき，やがて広大な低

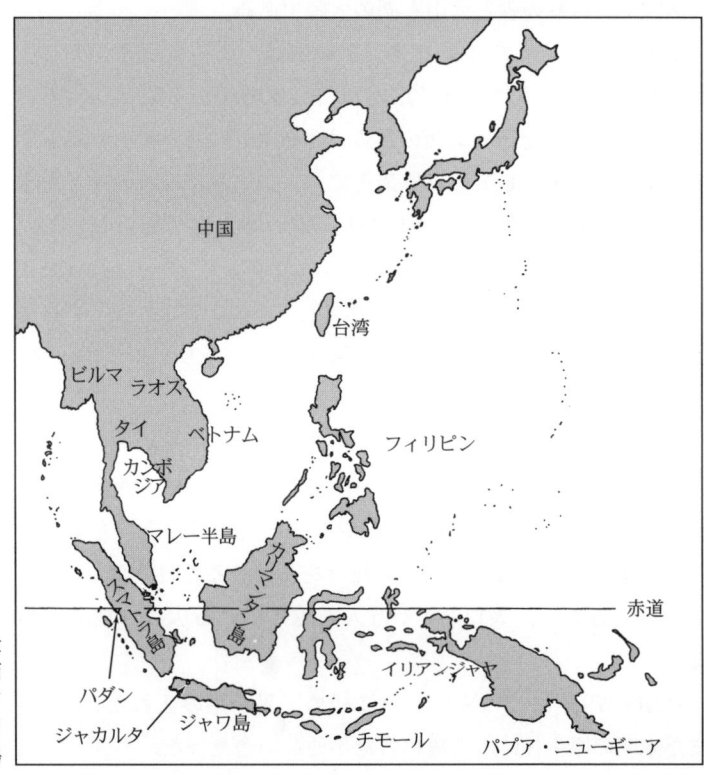

図1-1 東アジア全図。赤道に沿って東西に広がるインドネシアの島々の西端がインド洋に面したスマトラ島

湿地林帯となって，マラッカ海峡に至る。この広い湿地帯のなかに幾つもの大河が蛇行しながらゆうゆうと流れている。

スマトラを斜めに横断する南緯1度の線でこの島を切った断面を見ると，インド洋側の海岸平野の幅は約20km，バリサン山脈の高原地帯の幅は約80km，そこから下った低湿地林帯の幅は約200kmであって，マラッカ海峡側の湿地帯がいかに広いものであるかがわかる（図1-2）。

写真1-1 スマトラの最高峰，クリンチ山（3805m）。西スマトラ州の南，ジャンビ州に入った所にある。いまも山頂から白い噴気を上げている

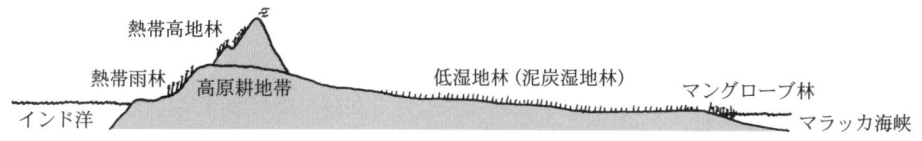

図1-2 西側（インド洋側）に高原と火山の連なる脊稜山脈を，東側（マラッカ海峡側）に広大な低湿地をもつスマトラ島の断面概念図

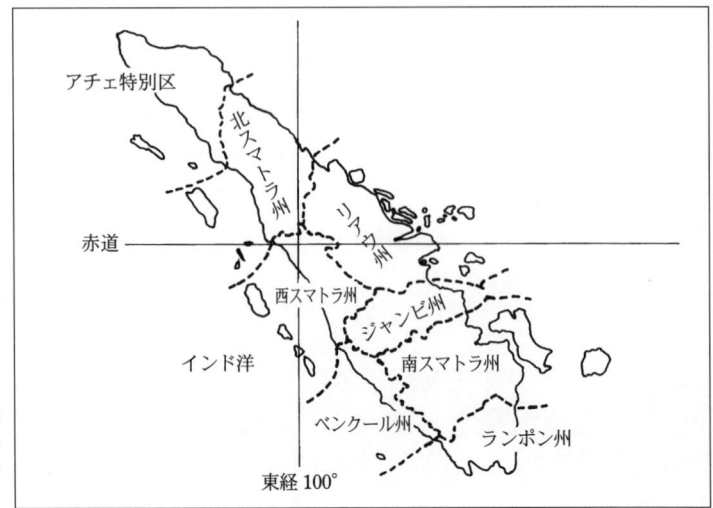

図 1-3 スマトラ本島の西スマトラ州などの八つの州（特別区を含む）

　西スマトラ州はスマトラの八つの州の一つで，スマトラ島のほぼ中央部の西側，インド洋に面した部分にあり，さきに述べた海岸平野と高原地帯からなっている（図1-3）。東西に走る赤道と南北に走る東経100度の線がこの州の中央あたりで交差しているので，地図上でも見つけやすい。州といっても日本の東北地方くらいの面積がある。

　州の真ん中を横切る赤道は，この土地の一つのシンボルといってもよい。スマトラを縦断するハイウエーが赤道を横切る所は州内に2個所あるが，その1個所には直径4m以上はありそうなコンクリートの大きな球の上に赤い帯を巻いたモニュメントを載せた赤道標がある（写真1-2）。その形から，西スマトラの人たちはこれを「大きなゾウの卵」とよんでいて，ひいては西スマトラを「大きなゾウの卵の国」ということもある。

　西スマトラ州はインドネシア国の一つの州ではあるが，私にはミナンカバウ族の国というほうがぴったりとする。ミナンカバウというのは，この西スマトラの土地に古くから住みついている民族の呼び名である。

1-1 ミナンカバウの国 —— 西スマトラ

写真 1-2 赤道標。海抜450mのコタ・アラムの村はずれにある

　インドネシアに住む300を越える大小の民族のなかでも，幾つかの特徴ある文化や風習をもつ民族がとくに知られている。そのなかでも北スマトラのバタック族やスラウェシのトラジャ族，ブギス族などと並んでよく知られているのが，このミナンカバウ族である。人口からいって圧倒的に多いジャワのスンダ族やジャワ族（いずれも4000万人を越える）を別とすれば，北スマトラのバタック族（600万人）に次いで多いのがミナンカバウ族（400万人）である。

　ミナンカバウ族は，遠い昔バリサン山脈中の高い火山であるメラピー山（2891m）に降り立った，白馬に乗った3人の青年を始祖とするという伝説をもつ。彼らは長い間バリサン山脈の海抜1000mの高原地帯で水田農耕をして暮らしてきた。この高原は1年を通じて月平均気温が20℃以上であるが，乾燥熱帯のような酷熱にならない。12時間前後の長い1日を通じて，ほとんど天頂

に近い空から降ってくる多量の太陽エネルギーと，年間6000mmを越える豊富な降雨の，安定した気候条件に恵まれたこの高原地帯は，おそらく地球上で最も暮らしやすい所の一つだったであろう。ここは砂金の産地でもあった。スマトラ第二の大湖であるシンカラック湖の周りに開かれた広い水田と，火山の緩やかな斜面に展開した焼き畑の村々をまとめて繁栄したミナンカバウ王国は，熱帯アジアのなかでも独特の文化圏を作っていた。

　バリサン山脈中に散在するミナンカバウの小さな村々は，現在も昔の面影を残している。日本からこの私たちの調査地を訪れた人たちのなかには「まるで桃源郷のようですね」という感想をもらす方もあった。今もミナンカバウ族の祭日に町や村の家々が掲げる黒，赤，黄色の三色の長旗は，かつてこの高原で栄えた三つの町，王宮があったバトサンカール（黄色），高原地帯の中心として栄えたブキティンギ（赤），高原を東北に下る緩やかな斜面の中心にある町パヤクンブ（黒）を表している（写真1-3）。

写真 1-3　高原の町ブキティンギの中心にある時計塔とミナンカバウ民族の発祥伝説の地メラピー山

写真 1-4 川沿いに農家が点在する長閑な西スマトラの村（サリブタン村）

　この豊かな熱帯の森と高原の国は，スマトラ東北側のマラッカ海峡に面した広い湿地林中を流れるハリ川やムシ川といった大河の合流点に，中世に成立したシュリヴィジャヤ王国などの河岸都市国家の人々にも知られていた。この大河を何日も遡った所にあるという米と黄金に溢れた楽土のお話は，おそらく中世の東南アジア多島海を縦横に航海したブギスなどの海洋民族によって，東南アジア各地の人々に広く伝えられたであろう。
　ミナンカバウ族はこの恵まれた環境のなかで栄え，しだいに周辺に広がっていった（写真1-4）。特にインド洋側の急斜面を下った所にある丘陵地帯は，近代の数世代の間に高原の村から入植した人たちによって開かれた。丘陵地帯の川沿いの小さな盆地には水田が広がり，一段高い山際は20〜30戸の集落とそれを囲む里山となって，高原のシンカラック湖周辺に古くから成立していた山村とよく似た景観を作っている（写真1-5）。ここからさらに下って，低い海岸の泥炭湿地帯にでき上がったのが，現在のミナンカバウ族の都パダンである。ここまでくると土地や水環境の関係から広い水田の開発が難しくなったらしく，村の様子も変わって

写真 1-5 ミナンカバウ民族のシンボル，水牛の角をかたどった大屋根をもつ西スマトラの民家

きて，高いココヤシの林の中にできた小さな家々の集まりとそれを取り巻く水田や畑のほかは，草丈の高いススキ原のようなチガヤ（現地名アランアラン）の茂る荒れ地が目立ってくる。

東南アジアの熱帯地域が，世界的な近代化の波にのって急激に開発されるようになる20世紀の後半まで，人跡未踏の森林や湿地に覆われていたという一部の人たちの常識は間違っている。現在でも考古学や歴史学が十分には発達せず，中世以前がまだ伝説の闇のなかにあるスマトラの土地でも，古くから人々はこの自然を利用して生活し，地域ごとにそれぞれに特徴ある文化を作り上げてきたことは間違いないだろう。後氷期の海面の上昇と，湿地林の拡大の影響を大きく受けたマラッカ海峡沿岸や南シナ海側と違って，氷河期以降の地形の変化が少ないインド洋側では，人間の生産・生活活動は自然環境に大きな影響を与えてきた。特に人間の力で開拓することが困難な，深い湿地や巨大な森林のある低地帯と違って，人力や家畜の力でも開拓しやすい熱帯高地は，古代から中世にかけての人の手でしだいに作り変えられて，今では原生の自然とはかなり違ったものになっている。飛行機から見下

ろせば，北スマトラの有名な観光地であるトバ湖の周辺などは，森林がほとんどなくなって，浅い緑色の草地が広がっているが，地上を車で走って見れば，これがかなり古い時代からの開拓と放牧の跡らしいことがわかる。

　西スマトラの山を歩いて気がつくことは，山の上へいくほどいわゆる杣道（そまみち）が縦横に走っていることである。山麓の森林に比べて，高地のほうが気候も涼しく利用しやすい植物も多く，昔からの人々の生活に役立っていたように思われる。実際，西スマトラの山村の人たちは，周りの深い森の中の状態をよく知っていて，家の柱にする材木のとれる樹，屋根を葺（ふ）く葉をつけた樹，いろいろな薬にする草などがどこに生えているかを即座に教えてくれる。日本の山村でも同じような状態が近年まであったのだろう。熱帯の森林は決して人跡未踏の原始林ではなくて，古くから人間とともに生きてきた，日本でいう「里山」だったのである。私たちが調査に入り，いろいろな体験をしている熱帯の自然というものは，多くはこの熱帯の里山・里地である。

　古くから人々の生活とともにあったにもかかわらず，スマトラの自然と動植物についてはまだわからないことが多い。カナダのA.J. WhittenがS.J. Damanikら3人のインドネシアの研究者とともにまとめた"The Ecology of Sumatra"（1984年出版，2000年改訂版発行）を読んでも，近頃になって専門の研究者が調べて，資料が多く現状がよくわかったところと，現地の人たちからのごく簡単な聞き書きのようなところが入り混じっている。この広大な地域の自然史研究はまだ始まったばかりである。

　これは歴史の分野でも同様である。オランダの植民地支配の影響もあるのだろうが，古い伝承の世界から現代までの間，特に現在の生活を作り上げた中世から近代の人々の生活の具体的な変遷が，多くは歴史の闇のなかに隠れている。私は日本各地の人々によって積み上げられている「郷土史」が，それぞれの郷土を理解し今後を考えるうえでいかに大切なものであるかを，このスマト

ラであらためて感じた。自然史と郷土史の知識を積み上げることによって，近年までのスマトラの自然と文化の姿を確かめることが，この地域の今後の持続的な発展を支えるためにも是非とも必要であろう。特に1990年以降の10年ほどの間に，この郷土文化を無視して，欧米の都会をモデルにして急速に進んだインドネシアの近代化，今では田舎まで広く普及しつつあるパソコンと携帯電話によって代表されるような近代化と一様化が，パダンのような地方都市と，周辺の農山村にも大きな変化を及ぼしつつある。この現状を見るにつけ，それぞれの地域の自然環境と歴史の把握と再認識の大切さが痛感される。

1-2 パダンの日々

私が1979年から繰り返して訪れ，1995年から2年間暮らしたパダンは，青いインド洋を前にして，いつも雲のかかったバリサン山系の山々を背負った美しい町である（写真1-6）。ここは西スマトラ州の州都であり，人口約30万人の典型的な地方都市である。パダンには西スマトラ州の州庁をはじめ多くの行政官庁と州

写真 1-6 空から見た赤い屋根の並ぶパダンの町

議会, さらに大銀行などの全国的企業の支店などが集まっている。その点では日本の地方中心都市となっている金沢や岡山, 松江, 高知などと似ている。イギリスの作家パトリック・リンチの書いたサイエンス・フィクションの "CARRIERS"（原作1995年出版, 邦訳『キャリアーズ』, 1996年発行）には, 1997年の事件という想定でパダンの町の情景がいろいろと書かれているが, 1995年から1997年にかけて私の住んでいたパダンの町の姿とは, 必ずしも一致しない。この作品の主な舞台となるジャンビ州のジャンビやムアラ・テボの町, あるいはその地方の自然の風物も, 私が経験している所とかなり違っている。

　パダンの町には, 今も近代都市らしい高層ビルがほとんどない。最近の1995年頃からようやくできたデパート「マタハリ」あるいはショッピングセンター「プラザ・ミナン」にしても4～6階建である。幾つかの巨大銀行や日本のNTTにあたる「テレコム」のような大企業の建物は, いずれもミナンカバウ風の両端が反り返って高く天をさす大屋根をもった民族風建築であって, 内部はともかく外観的には近代の高層ビルとはいえない。大通りの両側には大半が2階か平屋の建物が棟を並べている鄙びた町である。空から見ると赤い瓦屋根の目立つ低い家並が特徴的である。1980年代の初期までは首都ジャカルタにもこうした風景が残っていたが, 今ではほとんど見ることができない。

　日本からパダンに入るのは, 普通は首都のジャカルタから国内線の飛行機によるが, シンガポールあるいはマレーシアの首都クアラルンプールからの国際線もある。距離的に見ればパダンはインドネシアの首都ジャカルタのあるジャワ島よりも, マレーシアやシンガポールのほうがはるかに近い。パダン空港は町外れにある滑走路1本の小さな空港であるが, 現在, 少し離れた郊外の海岸近くに大きな新空港を建設中であり, そこから4車線の広いハイウエーが, パダンの市街地の外側を大きく迂回しながら市街の南にある港まで作られている。

写真 1-7 タクシー代わりの交通機関，小さな二輪馬車

　パダンの町を歩いて旅行者の興味をひくのは，混雑するバイクや自動車に混じってトコトコと走っている町のタクシー代わりの小さな馬車だろう（写真1-7）。ポニーのような小さい馬が1頭，赤い花飾りなどを頭につけて引いている。かつてはインドネシア各地で見られたものらしいが，今では地方都市の一部にだけ残っている。しだいに増えてきた自動車に押されて，消えていくものの一種の哀愁を感じさせる。西スマトラ州でもパダンよりさらに田舎の町，北の海岸のパリアマンや，高原地帯にあるブキティンギやパダン・パンジャンでは，自動車が少ないせいもあってか，この馬車は，もっと生き生きと走っているような感じがする。
　私は1995年までの短期間の滞在のときは，安いホテルに泊まったり，1980年代の前半には研究グループ全体でアンダラス大学の官舎を1軒借りて，日本チームのいろいろなメンバーが滞在時期をやりくりしながら，交互に利用したりした。これもそれなりに面白い体験だったが，1995年6月からの2年間の滞在では，JICAの派遣専門家として市中に家を1軒借りて生活した。私が最初に住んだ家は，市の中心から少し外れたフランボヤン通りにあ

って，前任者の川村さんが借りた家をそのまま引き継いだものだった。この家で1年ほどすごした後，いろいろと不便なことができたので，そこから歩いて5分ほどの近くにあるカプアス通りの別の家を借りて引っ越して，パダンを引き上げるまで新しい家で暮らした。

　私は単身赴任だったので，借りた家では泊まり込みのメードさんを雇って食事などの家事をしてもらった。また，通勤や調査用に買った中型のライトバンを運転する通いのドライバーも雇った。こうして私のパダン生活が始まった。

　旅行者としてホテルに泊まって，仕事に関係する人たちの中だけで暮らすのと，自分の家をもち地域の町内会にも入って近所付き合いをしながら，市民の一人となって暮らすのとでは，見える世界が大きく変わってくる。私はそれまでに10回以上パダンを訪れ，延べ滞在期間も1年に近くなっていたが，今度の滞在では，それまでとはまったく違った町と村の人々の姿を知った。熱帯のチョウの生態とは直接の関係はないが，私がどのような生活条件の中で仕事を進めていたかを知っていただくために，この本の所々に，私が仕事の間に経験したさまざまな出来事を少しずつ挿入していきたい（写真1-8）。

写真 1-8　パダン空港前にあるパダン最大の企業パダンセメントの広告の看板。ミナンカバウの水牛が描かれている

パダンの毎日は，朝まだ暗い午前4時半頃，近くにあるモスクの屋根に付けたスピーカーの高らかなコーランの朗誦から始まる。イスラムの国の朝のお祈りの時間である。イスラム教徒でない私は目を覚ましてベッドの中でこのお祈りを聞きながら，しばらく朝の休息の時間を楽しむ。起きだして冷たい水をかぶって顔を洗い着替えるのは6時頃，部屋から広間に出てソファで1時間ほど今の仕事と関係のない本を読む。インドネシアやスマトラの文化や歴史を，私はこうして少しずつ勉強した。

　朝食は7時頃。私は食事の内容はいっさい自分から注文せずに任せていたが，前任者の川村さんから引き続いて勤めていたメードのヤンティは，日本人の好みをある程度知って日本風の朝食を作った。ヤンティの死後，ヤンティの妹のエルミーに，次いで知人の紹介できたタティに家事を頼んだが，彼女らのインドネシア風の料理も私には十分においしかった。タティが結婚して（正確にいうと一度別れていた夫と復縁して）辞めた後，ヤンティやエルミーたちの姉にあたるマールの一家3人に住み込みで家事をしてもらい，その生活は私が任期を終えてパダンを去るまで継続した。こうしたメードさんたちとの付き合いを通じて，私はこの土地の人たちの日常の暮らしをいろいろと知ることができた。買い物や隣近所との付き合い，家庭環境や子供の育て方，そうして何よりもミナンカバウの人たちの心に深くしみ込んでいるイスラムの戒律に従った生き方など，ここの人たちにとってはごく当たり前の習慣に触れて，時々ハッとするような発見をするのだった。

　8時すぎに運転手のムスが運転する車でウル・ガドの研究センターに出勤した。家から30分ほどで，郊外の研究センターに到着した（写真1-9）。9時までには研究センターの職員がほぼそろうので，私と同じプロジェクトのJICA派遣専門家として駐在している同僚の小林さんと，研究室の秘書のラニーなどと相談して，その日の計画に従ってそれぞれの仕事を割り当てて手配をする。アンダラス大学の研究スタッフと連絡をとって，日本から入れ替

写真 1-9 パダン郊外のウル・ガドにあるアンダラス大学付属スマトラ自然研究センターと，私の通勤・調査用の車

わり訪れる植物・森林・霊長類・河川・農業・土壌・人文地理などさまざまな方面の研究者と，アンダラス大学の研究協力者の人たちとの現地調査や会合の調整をする。さらに来訪した日本人研究者のビザ延長や現地調査のための役所・警察などの許可申請などと，インドネシアと日本の研究者が利用する研究室や調査機械・器具の管理とそれにかかわる事務・会計の仕事はかなり忙しかった。しかしインドネシア語の達者な小林さんと有能な秘書のラニーのおかげで，私は割合に自分の時間をもつことができた。

　私は週1回のアンダラス大学理学部での定期的業務打ち合わせ会のほかは，ふだんはこの研究センターにいて，事務処理をする合間に研究センターの庭や周囲の草原で採集や観察をした。月に1回は後で述べるガド山やシピサンの調査地を訪ねたり，アンダラス大学のスタッフや学生と一緒に西スマトラ州内に調査に出かけた。2ヵ月に一度は，若い講師のイズミアルティさんと彼女の学生数人とともに，アナイ川の上流から下流まで4～5地点で水生昆虫の定期調査を行った。私としてはもっとこの熱帯の自然を知るために野外調査に出たかったが，事実上一つの研究センターを預かる身となると，さまざまな雑用があって遠出することはなかなかできなかった。しかし日本の大学にいた頃に比べると，会

議や研究室管理の雑用ははるかに少なかった。。

　昼になると，事務や調査の仕事で忙しいときは運転手のムスに近くの店で売っているナシ・ブングス（ご飯の大きな塊とニワトリの肉の煮つけなどのおかずをバナナの葉で包んだ弁当）を買ってきてもらって昼食としたが，普通は車で10分くらい離れた街道沿いの小さな町にある食堂に出かけた。

　午後は4時で仕事を打ち切り，ムスの運転する車で帰宅した。この熱帯の地で病気になったりして人に迷惑をかけることがないよう，そうして少なくとも2年間は健康で仕事を継続するために，私はできる限り規則正しい生活をするように心がけた。帰宅後は特別な会合があるときのほかは外出せず，データの整理などをしてすごし，午後7時頃に食事をすると10時には就寝するようにしていた。このおかげか私は2年間を一度も病気をせず，心身ともに健康に仕事をすることができた。

2

研究の始まり

2-1 新しい研究の狙い

　大学を定年で退職してインドネシアに住むことになったとき，私はそれまでの熱帯研究の仕事を大きく転換することに決めていた。

　それまで私が熱帯アジアの研究の中心テーマとしてきたのは，ハチ類の習性と社会生態，特に単独性のハチと社会性のハチの中間にある亜社会性の狩り蜂であるハラボソバチの社会生態であった。東南アジアを中心にスリランカからパプアニューギニアにかけて分布する，1亜科6属130種余りの小さな一群であるハラボソバチは，熱帯アジアの自然環境と昆虫の社会進化を理解するために重要なグループである。そのコロニーを作っている個体同士の関係ででき上がった独特の社会構造と，材料や構造にさまざまな特徴がある巣の作り方は互いに影響しあって，動物の社会生活とその成り立ちを考えるうえで，大切なヒントを提出してくれた。泥や植物繊維を練り合わせて作ったさまざまな形と構造をもった巣は，眺めているだけでも興味が尽きなかった（図2-1）。

　しかし1995年から1997年の丸2年間のスマトラ滞在中は，私は意識的にこのテーマを取り上げないこととした。それは途上国技術援助の一環として，インドネシアの野外生物学研究を推進す

るというこのプロジェクトのテーマとしては，ハラボソバチなどの社会性の蜂は，その生態学的あるいは社会生物学的な問題からいって，やや特殊すぎて不適当だと思ったからだった。そこで今回は，それまで自分ではほとんど取り扱ったことがなかったチョウの生態を取り上げることとした。

インドネシアの野外生態学研究の現状は，世界のレベルからは，まだかなり遅れている。そのうえ，インドネシアの科学技術や高等教育は首都のジャカルタやバンドン，スラバヤなどの大都市のあるジャワ島に集中している。この学術の中心から遠く離れたス

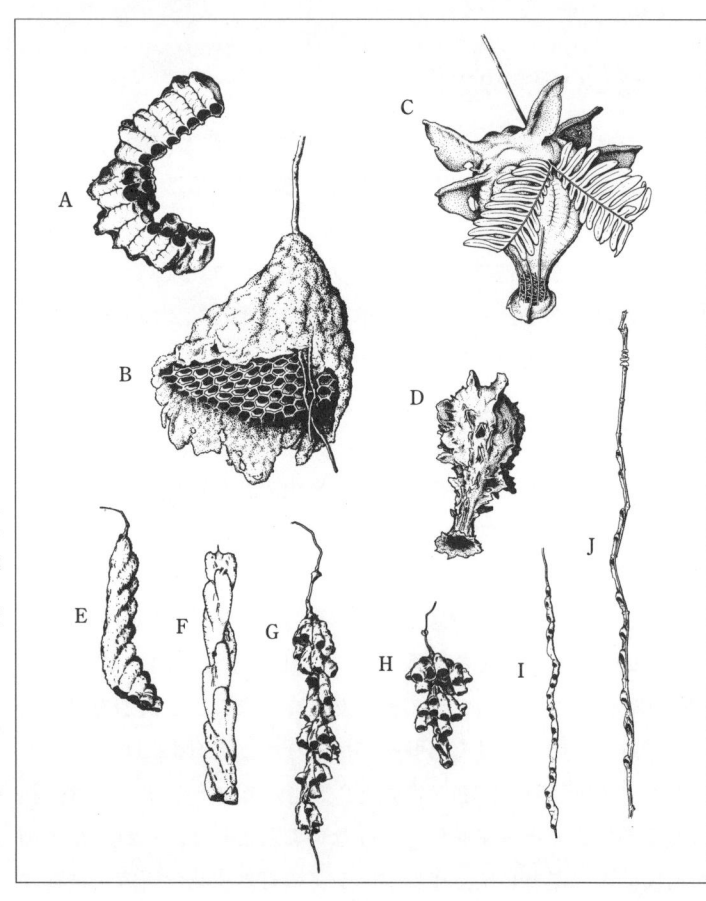

図 2-1 いろいろなハラボソバチの巣（私の集めた東南アジア各地のもの）。
A, B：チャイロハラボソバチ属，
C, D：オオハラボソバチ属，
E, F：ラセンヒメハラボソバチ群，
G, H：メリイヒメハラボソバチ群，
I, J：ハグロヒメハラボソバチ群

2-1 新しい研究の狙い

マトラの地方大学では，研究設備や文献整備の実態を見ると，ある程度の専門的な評価に耐える研究を進めるには，種の同定上の困難が少なくて，特別な機材や文献がなくてもかなりの程度に進められる材料（なるべくこの地域の特性を出せるような）と方法を採用することだった。

学問研究のテーマは，当事者の問題意識と強い意欲によって選ばれるのが原則である。一方，強い意欲はその人のおかれている場や条件によって影響されることが多い。自分のおかれた条件のなかで今何ができるかを考えると，できることはおのずから決まってくる。こうして決まったテーマが，はじめは必ずしも自分に向いているとは思えなくても，そのなかで自分に向いたやり方を選択する余地があれば，かなりの成果を上げることもできる。むしろある程度の外的な制約がある条件のなかで仕事を進めるうちに，自分自身でも思いがけなかった能力や適性が自分のなかに発見されることもある。私は日本で，大学から公衆衛生や農業技術の試験研究の幾つもの職場を転々として，これを実感していた。それで私は，それまでの熱帯での20年以上のテーマであった社会蜂の研究を自ら封じて，新しいテーマと方法を選ぶことにした。

私はそれまでアンダラス大学の昆虫研究者の方々と，20年にわたって一緒にハチの行動習性の研究をして，互いにその人柄や，どのような研究をしたいかもよく知り合っていた。彼らは私が，これまでと同じようにハラボソバチの社会生態の研究をするものと思っていたらしい。今度のプロジェクトで，私が意識的にそれまでのハラボソバチの研究を中断して，チョウという新しい研究テーマを取り上げたことは，アンダラス大学の人たちには意外だったようである。

同時に私は，熱帯アジアで行ってきた昆虫生態の研究方針とフィールドも，大きく転換することを決めた。

日本では熱帯アジアの虫といえば，熱帯雨林の中に棲む，大き

くてきらびやかなトリバネアゲハ，大きな角をしたアトラスオオカブトムシ，木の葉や花にそっくりのコノハムシやハナカマキリのような，奇妙で珍しい，あるいは美しい昆虫を思い浮かべる人が多いだろう。

熱帯アジア多雨林に棲むこれらの大きくて美しい，あるいは奇妙な形をしたいろいろな虫は，確かに貴重なものであり，地球の宝として長く保全しなければならない。しかし同時に，現在の熱帯アジアの自然史研究の課題として，より重要な課題がある。それは熱帯アジアで人々が今生活している場所の，身の回りにある自然とはどんなものかということだった。

熱帯に限らないが，野外の動植物を研究する生態学者には，二つの立場あるいは二つのアプローチがあって，それによって研究者の目に写る自然の姿がかなり大きく違ったものになる。

一つの立場は自然の側から見る立場であり，もう一つは人間の側から見る立場である。それによって大きく違った自然の姿が見えてくる。自然の側から見るためには，できるだけ人間の影響の少ない原始の自然を求め，人けのない山や森に入り，そこでしか見られない特殊な種の動植物の生き方を追求して，そのなかから

写真 2-1 バリサン山脈の麓の野川・水田・果樹園や雑木林の中にある静かな村。シピサン村は左手の丘の中腹にある

2-1 新しい研究の狙い

自然の法則を求める。樹は本来の姿で伸び，水は自然の地形のままに流れる。そうしたなかでこそ熱帯の自然の法則が見つかるのだということが，野外の動植物を研究する科学者には疑いもなく信じられる。私のハラボソバチの研究もそれに近かった。

もう一つの自然の見方は，海や山や森を，そこに暮らす人間の立場から見ることである。そこには人間の大きな力が入り，山や谷や川の形を作り変えて利用していくなかで現れてくる自然の姿がある。農業や園芸はその代表である。しかし実際に野外の田畑や果樹園や養魚池の農業生産の場で見ると，栽培植物や耕作地のなかにもその周りにも，必ず人間が管理しきれない場所が広がっていて，独特の自然の姿ができ上がっている。それは完全に原始の自然でもないが，栽培植物と培養装置だけを使った食料などの生産工場でもない。普通の生活をする人が接する自然とはこうしたものである。この人々の生活している身の回りの自然というものは，これまでしばしば人に壊され撹乱された自然として，自然科学者の研究対象から外されてきた。しかしこれも，そこに住みついた人間が長い時間のなかで，山や川や野生動植物と一緒に生活しながら作り上げてきた自然の姿である。決して，でたらめな

写真 2-2 週に一度開かれる村の市場。クリンチ湖畔（ジャンビ州クリンチ県）

破壊の跡だけではない。この人里とその周りの自然を研究の場として見ると，新しい見方が開けてくる。近年になって，日本でもわれわれの身近でかつ重要な環境として大きく注目され始めている里山・里地の自然とはこのようなものである(写真2-1)。

　水田や畑や養魚池などは，それ自体が大切な自然の一部をなしている。私も若い時期に農業の現場で10年以上働いてきて，今でも親しみをもっている。しかし日本の海外技術援助の仕事場では，これらの農林業の分野で，別の多くの専門家が研究や技術指導にあたっている。私は今度の仕事場を，人手の入らない原生の森林などの自然と，田畑のような完全に人間のコントロール下におかれている場所との中間の，人間の強い影響を受けながらも，人間が直接には管理していない状態の場所におくことにした。熱帯アジアでは，こうした人間活動と原生の自然が交わる場所については，これまであまり資料がなくて，その実態の解明はこれからの問題である。

　前の章でも述べたように，東南アジアの各地には，日本列島と同じかそれ以上に長い歴史をもった人間社会が成立している。その土地の野山や湖沼や川とそこに生きている動植物も，日本の場合と同じように，何千年にもわたって人間と共存して，互いに影響しあいながらその姿を変えてきた。さらに現地で体験してわかったことだが，温帯地方のように冬の休止時期をもたないで，1年を通じて動植物の盛んな活動が行われている多雨熱帯では，その変容のスピードは日本よりもはるかに速い。人間の手が入っていない原生の自然ではなく，こうした人間と共存している自然のなかでの昆虫の生態を調べることは，原生の自然を調べることと同じように大切ではないだろうか。私は，今回はこの立場から熱帯アジアの自然を見ることとした(写真2-2)。

2-2　チョウを取り上げた理由

　私たちが自然環境とそこに生活する動植物の生態を調べると

き，まず調査地と調査方法と対象動植物を決める必要がある。生物群集あるいは生態系を取り上げる場合でも，すべての動植物を同じ比重で取り上げることは，時間や労力の点から非常に困難である。地球環境の保全を考えると，大量の時間と人員を投入してでも，野生の動植物や微生物とそれらの環境全体を含む地域生態系に正面から取り組む必要はあるが，今度の場合，私の時間と労力は限られているので，その範囲で最も有効な材料として，チョウ類の成虫を取り上げることとした。

　地球上の生物のなかでも最大の種数をもつといわれる昆虫類は，現在もたくさんの新種が記録され続けている。クモやダニやセンチュウなどの無脊椎動物でも同様である。そうしてそれ以上に多くの，新しい種か，それともすでに記録された種名が決まった種に属するのかわからない標本が，世界の研究室と研究者個人の手元にあふれている。分類学者の懸命の努力にもかかわらず，この新しい種の記録と整理をめぐる未解決の問題は，当分の間は増える一方だろう。私たちが昆虫の生態を研究するとき，いつも突き当たるのが，今研究しているものはどんな種なのかハッキリしないという問題である。特に熱帯でこの問題を取り上げるとき，しばしば，今手にしている標本群が何という種か，あるいは1種が数種かわからないことで絶望的になってしまう。

　もちろん，種がわからなくても生態学の研究は進められるという意見もある。もっと積極的に，生態研究にあたって必ずしも種をわかる必要はないという人もある。確かに今の鑑別分類学には，迷い込んだら抜けられない迷路のようなところがあって，これにとらわれたら，自然の構造を理解するうえで邪魔になるとさえ言いたい場合もないとはいえない。しかし生物個体と生態系の間に横たわる種というまとまりなしには，自然は理解できないと私は考える。もちろんすべてが記載され命名されるまで，野外の自然生態系の研究を待っているわけにはいかない。今できる範囲で種を見分けて整理しながら，研究を進めるしかないだろう。可能な

範囲で種を見分けて標本を整理しながら，この困難を回避する一つの方法は，研究の対象を分類学的に研究が進んだ少数の種に限ることである．

しかしこの選択をすると，熱帯の自然の一部しかわからない．学会誌の審査に通るような堅実な論文を書くことはできても，今大きな問題となっている熱帯の自然とそこに成立している生態系の実相が把握できない．それで私は中間的な方法ではあるが，これまでによく行われている1種あるいは数種の昆虫に焦点を合わせるのではなく，一つの地域に見い出される特定の種群のすべての種を研究対象とすることにした．この対象としてチョウ類は最も適している．

適している理由は次のようなものである．

(1) チョウの成虫は，世界的に最もよく分類学的研究が進んでいるグループであって，種の判定上の困難が少ない．アジアや欧米の多数の研究者とアマチュアのチョウ愛好者が競って世界のチョウを集め，その種や亜種の分布や地理的変異を調べた．美しい原色のチョウの図鑑が各国から出版され，特に近年は南米・アフリカ・東南アジアの熱帯地域に興味が集中している．野鳥とならんでチョウは最もよく知られた動物群であり，この熱帯アジアでもほとんどの種を見分けることができる．

(2) ほとんどの種の成虫が昼間活動性で，大きさが翅を広げて1～20cmの間にあり，植物上を飛翔して発見しやすいうえに，鮮明な色彩と斑紋をもっていて，慣れてくると捕獲しなくても種を判定できる場合が多い．

(3) われわれの濃密調査の対象とすることができる数ヘクタールないし数十ヘクタールの地域内部で見い出される種数が数十種から百数十種程度で多すぎず少なすぎず，群集研究には手頃な種数である．

私は今度の研究では，現象を見て記録する自然史的方法に徹することにした．現在の生態学の先端にある個体群動態の解明や，

2-2 チョウを取り上げた理由

　生態系の構造解析や，さらにその成り立つメカニズムを裏づける化学生態学は，確かに地球上の環境理解を大きく進めたが，それでもまだ知られていない事実が自然のなかにはたくさんあって，それを正確に記録する必要性は少しも減っていないと考える。

　私が生態学の仕事に入ってからもう半世紀を越えた。そのなかで，いわゆる最先端の理論や方法が次々に出てはまた更新されていった。しかし私たちが30～40年前にわからなかったいろいろな疑問の多くは，今でもわかっていない。特に熱帯のように多様性が高い自然を相手にするときは，確かな事実を積み重ねていくことが，まず求められている。そう考えて私は，今度は何よりも熱帯のなかで私が選んだフィールドにおけるチョウの活動を，忠実に記録することを目標とした。

　それともう一つ，今度の調査はチョウの成虫の観察に集中した。チョウの生態を完全に明らかにするためには，チョウの一生の大半を占める卵・幼虫・サナギの生態を知ることが絶対に必要である。しかしこれら未成熟期の生態を調べるには，相当の準備と時間が必要である。成虫と幼虫の両方を限られた期間に調べようとすれば，どちらも不完全なものになり，いわば「アブハチとらず」の結果に終わるおそれがある。私は幼虫を含めた総合的な研究は将来の研究者に委ねて，今回は研究対象をチョウの成虫の観察に集中することとした。

　この研究を始めるにあたって，問題は私がチョウについては全くの素人であることだった。世界のチョウには多くの専門家，アマチュアが関心をもち，大量の知見が集積されている。ただ，私が読んだ日本と海外のいくつかのチョウの本では，目立った種について個別の知見は多かったが，いま開発によって急速に変わりつつある熱帯の自然のなかの，普通のチョウの動きについての情報はほとんどなかった。この自然を見守る一人の生態研究者として，スマトラの自然のなかのチョウの現在の生活を記録するのが私の仕事と考えてこの調査を始めた。

2-3 アンダラス大学と私の研究室

パダンの町の中にある自宅での日常の暮らしに続いて，郊外にあった私の仕事場での生活について述べよう。

パダンにおける私のオフィスは二つあった。一つはパダン市の西郊の丘陵地帯のリマウ・マニスにあるアンダラス大学の，広いキャンパス内の理学部生物学教室にあり，もう一つはそこから西南に6kmほど離れたウル・ガド地区の，アンダラス大学付属スマトラ自然研究センターにあった (写真2-3, 2-4, 2-5)。

リマウ・マニスの理学部生物学教室のほうは，大学の学生や教員との連絡を密にするための場所として，私は週に一度か二度はここで標本の整理をしたり，教職員や学生とディスカッションをしたいと思っていた。しかし実際には交通が不便であるうえに，教職員や学生との交流もなかなか進まないので，私はウル・ガドの研究室のほうにいることが多くなった。この交流が十分に進まない原因は，私自身が客員という立場を考えて，積極的に先方の大学の業務に立ち入ることをためらったせいもあるが，同時にアンダラス大学の教職員の講義・実習や会議・事務などの日常業務

写真 2-3 アンダラス大学リマウ・マニスキャンパスの正門。屋根の形がミナンカバウ民族の大学であることを示している

2-3 アンダラス大学と私の研究室

の進め方，あるいは学生の大学における勉強の仕方が，私が赴任の前に考えていたのとかなり大きく違っていて，その中に入っていきにくかったためでもある。

大学の教員の多くは教室の中に個室をもっていたが，講義や実習のないときは，会合に出ているかあるいは家に帰っていて，そ

写真 2-4 アンダラス大学理学部生物学教室。前に立つのは研究にきた日本の大学院生（両側）と私の車の運転手のムス（中央）

写真 2-5 大学キャンパス南端。建物は大学生協の食堂と売店。右後ろに生物学科演習林の一部が見える

れぞれの研究室で本や学会誌を読んだり，標本の調査や実験をしているのはあまり見かけなかった。また教員の個室には実験台や流しが完備しておらず，私と一緒に川の水生昆虫の生態を調査しているイズミアルティなどの熱心な若い研究者は，学生実習室の空いている実験台の片隅を使って顕微鏡を見たり，標本を広げて調べていた。最初は標本を整理して保存する場所もなかった。ただしこのような状態は，私たちとの共同研究が進むにつれて少しずつ変わっていき，大学院生と一緒に研究室で標本を作ったり資料をまとめたりする教員がしだいに増えてきた。

　学生や院生たちの勉強の仕方やキャンパス生活も，私の知っている日本の大学とはかなり違っていた。私が初めてこのアンダラス大学を訪れた1980年代初期には3年制だった学部学生が，1990年代初期には日本などと同じように4年制になり，大学院も整備されてきた。ただしインドネシアの大学制度はかなりややこしいので，ここでは詳しくは述べない。私たちと一緒に調査や研究をしていた学生は主に学部4年生か日本の修士課程の院生とほぼ同じ大学院生であった。理学部の生物学科の学生や院生は女性が多かった。敬虔（けいけん）なイスラム教徒の多いパダンでは，特に国立のアンダラス大学では，女子学生の多くはジルバ（女性の白いヴェール）をかぶっており，その服装のままで野外作業をするので，特に暑い昼間の野外調査は苦労が多いだろうと察した。本人たちは慣れているとはいっていたが，本当はかなり暑くてきついようだった。熱帯の陽光が直射する川原で，川底から集めた小石や砂の中から水生昆虫を拾い出す作業のときは，イズミアルティはじめ学生たちはよく日傘をさして作業をしていた。野外作業の最中でも，お祈りの時刻になると，彼女らは近くの村のモスクへいって30分ほどお祈りをしてきた。

　キャンパス内の理学部生物学科には，学生たちのいる部屋がなかった。これは1学年あたりの学生数が100人という多数だったためでもあろう。講義室を兼ねた大きな実習室で講義や実習を受

2-3 アンダラス大学と私の研究室

けると，あとは食堂に集まるか自宅や下宿へ帰るしかない。いわゆる学生たちの「たまり場」がないことは，学生たちの勉強や友だち同士の交流にはかなり不便だろうと想像した (写真2-6)。

パダンでの生活と仕事のリズムが決まってくるとともに，私が理学部キャンパスの研究室を利用するのは毎週1回の連絡会議のほかは，特別な用事があったときだけになってしまった。後になって考えると，もう少し別の方法があったのではないかという点で，今も心残りになっている。リマウ・マニスには，大学キャン

写真 2-6 アンダラス大学理学部生物学科の学生食堂 (リマウ・マニス)

写真 2-7 キャンパスに接した生物学科実習林。原生の熱帯雨林が残り，トラが棲息している

パスに隣接して生物学科の実習林があり，かなりよく保存された自然林が残っていた (写真2-7)。ここで定期調査をすることができれば，ウル・ガドの研究室の周囲にある調査地とまた違った熱帯林の生物群集の調査地として役立つと思っていたが，私一人ではどうしても時間のやりくりがつかず，この森の定期的な調査は実現できなかった。

　この実習林で調査しなかったのはもう一つの理由がある。それはここにはトラが出没することだった。パダン周辺の山林にはまだ野生動物がかなり残っており，トラはその代表的なものである。スマトラでもゾウやサイはほとんど絶滅に瀕しているが，トラはその普段の生息圏が村の近くの里山であって，畑を荒らす野ブタや放し飼いにされているヤギなどを餌としている関係からか，今でもあちこちで出会ったとか，吠えられたとかいう話を聞く。この実習林の近くでは，私が赴任する直前にも1頭捕まったばかりであり，日本でクマの多い山に入るときのように，調査する者はいつも何人か一緒に森に入り，なるべく物音を立てるようにしてトラが避けるように注意をしていた。私は樹木や大型動物の調査メンバーと違って，一人で山に入ることが多く，森の中でほとんど物音を立てないので，トラのほうも気がつかずに出会い頭にぶつかる可能性があった。その危険性を考えると，ここで仕事をす

写真 2-8 畑を荒らすためにキャンパス内で撃ち殺されていた野ブタ。イスラム教徒の住民はブタを食べない

ることがためらわれた。私の勤めていた金沢大学の角間キャンパスでも，かつてクマが出たといって騒ぎになったが，キャンパスにトラが棲んでいる大学は，世界でもここだけだろう。

トラの餌である野ブタは，西スマトラの里山・里地に多く，住民の畑を荒らすために駆除されていた。大学キャンパス内でも時折，撃ち殺された野ブタを見かけた。厳格なイスラム教徒であるパダンの人たちはブタを食べないので，殺した野ブタは放置するか，狩猟用のイヌの餌となった（写真2-8）。

2-4　研究室の生活とスタッフの人たち

私は主にウル・ガドにある大学付属施設のスマトラ自然研究センターのほうに駐在することになった。このスマトラ自然研究センターは，1980年から始まったインドネシアと日本の研究者による共同研究計画であるスマトラ自然研究（Sumatra Nature Study—略して SNS）のスタートに際して，企画者だった川村さんたちの大きな努力で得られた日本の諸財団の援助で建設されたものである。私は，この建物ができる前には赤土の台地に低いチガヤの草原が広がっていたこの場所を，この施設ができる前から知っていた。1982年に，最初は「スマトラ自然研究室」といったこの建物が完成したときの開所式にも出席している。1980年代の後半から1990年代始めにかけて，後に述べるような事情で大学がリマウ・マニスへ移転したためもあって，一時はここを使う人たちがほとんどなくなって内部は荒れていたが，今度のプロジェクトの発足にあたって，川村さんが初代のJICA派遣専門家としてここを再整備して，また研究室として使用できるようになった（写真2-9）。

パダン市街から東に10km余り離れたこのウル・ガド地域は，1980年当時はパダン市内の数個所に分散していたアンダラス大学の各学部を，まとめて移転する総合キャンパスの予定地だった。理学部の生物学教室が最初に建てられ，そのそばにこの研究室が

写真2-9 スマトラ自然研究センターの本館正面

建てられた。ところが2kmほど離れた所にあるパダン市最大の企業であるパダンセメントの工場の排煙がこの地区にかかるために，大学の統合移転を支援する世界銀行が，大学用地として適当ではないと判断した。大学はここへの移転を中止して，尾根一つ隔てたリマウ・マニスに新たに用地を求めて移転した。それで，さきに建てられたスマトラ自然研究室だけがウル・ガド地区に取り残された形になった。しかしこのあたりの土地はすでに大学が入手していたので，1992, 1993年頃からこの地域に大学教職員の住宅が建てられ始めて，現在では広い土地に教職員住宅が規則正しく並んだ団地のようになっている。私たちと一緒に研究教育に従事している生物学教室の教員たちも，この団地に住んでいる人が多いので，大学キャンパスとは離れていても，共同研究者たちの自宅との連絡には便利なことも多かった。

今では正式に「アンダラス大学スマトラ自然研究センター」(Pusat Kajian Alam Sumatera, Universitas Andalas) という名称になっているこの研究室は，床面積約300m^2，9室と玄関のロビーをもつ平屋の母屋と，車庫・機械室などのついた50m^2ほどの付

2-4 研究室の生活とスタッフの人たち

属舎の2棟からなる。制度上はアンダラス大学の施設なので、大学の理学部教員(私の駐在期間のはじめはアナス教授、後でアムジール講師に交代)が施設長となっているが、実質的にはインドネシア・日本の共同研究プロジェクトの事務局となり、常駐しているのは日本人のJICA専門家2名(鳥の研究者である小林さんと私)と、JICAのプロジェクトの予算で雇っていた現地の秘書2名、運転手2名、調査補助の現地作業員5名、掃除や食事などの世話をする用務員1名の12名(時により若干の増減があった)だった。私はこの奥の一室を自分の研究室として、いつもここで仕事をするようになった(写真2-10)。

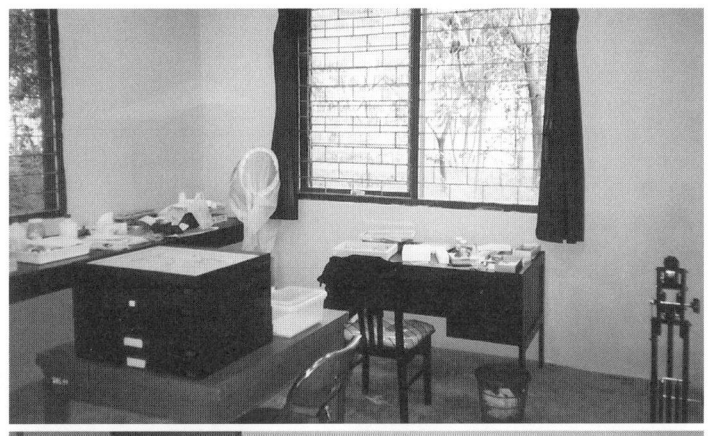

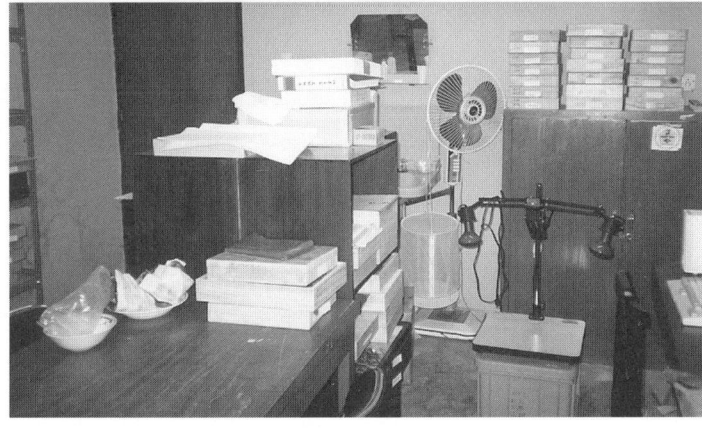

写真2-10 スマトラ自然研究センター内の私の研究室

プロジェクトの日本側現地代表者として，習慣も制度も違う国で，インドネシアの大学教職員・学生と，ここへきて研究をしていく毎年十数人の日本人研究者の日程や希望を調整して，共同研究と研究の訓練の成果をあげていくのは，かなり負担のかかる仕事だった。だが，やがて慣れてくると，日常の決まった業務は有能な秘書がしてくれるのでずっと楽になった。秘書のラニー（本名は長くてよびにくいので，研究室のスタッフは互いに通称でよんでいた）は22歳前後の，少し気が強いがよく気のつく利口な女性だった。研究室の管理・会計の要領，調査補助員の性格やそれぞれの個人的な事情などについても，彼女がいろいろと教えてくれた。一応は研究室のボスである私に対しても，配慮の足りないところや間違いを，控えめではあるが率直に指摘してくれた。もう一人の秘書のヘンシーはラニーより少し年長で，主に研究室の機材の管理をしていた。彼女もよく仕事をしたが少しむら気なところがあって，研究室の現地スタッフと時折ケンカをしたが，私の指示には素直に従った。
　ラニーは華人系でクリスチャン，ヘンシーはインドネシア系でモスレムだった。この二人を見ていて，私は宗教よりも民族文化の違いが，考え方や行動に影響することが大きいと感じた。ラニーは私が着任してから1年後に，アンダラス大学を卒業した恋人のあとを追って，インドネシアのなかでも発展が著しいバタム島へいって銀行に就職したが，新しい職場では先輩のOLたちとの折り合いがうまくいかないらしく，しばらく経ってから，私にオフィスの先輩に意地悪をされているとか，ウル・ガドのオフィスはよかったとか訴えた手紙をよこした。日本でもよく聞くような訴えを読みながら，私は企業社会というものはどこでも同じような問題をもっているなと思った。ラニーが後任に推薦していったエリーも華人系の若い女性で上手に事務をこなしたが，ラニーよりおとなしくて個性が目立たなかった（写真2-11）。
　私の運転手であるムスは無口で愛嬌はなかったが，誠実で私の

2-4 研究室の生活とスタッフの人たち

かなり無理なスケジュールにも不満をいわずに従ってくれた。自動車の扱いや運転が荒っぽい者が多い現地の人たちのなかで，車を非常に大切に扱って上手に運転してくれた。地元のウル・ガド村の出身者が多い現地作業員にもそれぞれの個性はあったが，パダンの町の人たちとは一味違った山村の暮らしの匂いを強く身に付けていた。たくさんの現地スタッフと一緒に仕事をして，私はこのミナンカバウ社会の中では，ビジネスライクな事務処理ではなく，いわゆる義理人情的な配慮が必要なことを知った。また華人系のスタッフとインドネシア（マレー人）系のスタッフ，ある

写真 2-11 スマトラ自然研究センターにおける川村さんと私の送別・歓迎会（川村さんが3年の任期を終えて私と交代するとき，現地スタッフの皆さんが計画して，実施してくれた）

いはパダン市内と郊外の農山村の人間の間に流れる一種の違和感や，個人々々の経歴と性格による違いなどを感じとることができるようになった。

　研究室から4km以上登った山奥の村からきている現地作業員は，ガド山の調査フィールドのところでも述べるが，パダン市内から通ってくる事務員や作業員と明らかに違った容貌と生活文化をもっていた。この山村の住人たちは，特に若い男は国境を無視して，スマトラの対岸のマレーシアに出稼ぎにいくものが多かった。言葉も風貌もほとんど同じ人々の住むマレー半島の町では，彼らの働く場所はいくらでもあるようだった。そうしてインドネシアよりも警察の監視が厳しいマレーシアで，働いているのを見つかって強制送還されても，平気でまた出かけていった。研究室へきている作業員のなかにもその強制送還の経験者がいたが，別に法律を犯したという意識はないようだった。彼らはこの一続きの熱帯アジアのなかに，ヨーロッパの植民者の都合で人工的に作られた国境などというものを越えたマレー人の世界に生きているのだろう。

3

熱帯アジアのチョウと
　　向かいあって

3-1　ウル・ガドの庭

　赴任直後の挨拶回りや，前任者の川村さんとのプロジェクトの業務の引き継ぎと，この土地での日々の生活と仕事の要領をのみこむために，6月から7月にかけて1月余りがあわただしくすぎた。私がようやく落ち着いて周りを見渡し，今度ここでやろうとしているチョウの調査に手を付けたのは，7月も半ばをすぎた頃からであった。

　私の最初の仕事場は，パダン市郊外のウル・ガドにある私たちの研究所，スマトラ自然研究センターの庭とその周囲の，一見ごく平凡な，灌木と雑草の生えた約4000 m²の野原だった。これをウル・ガド調査区として，今度の研究の主な調査区とした。ここは人手の入った荒れ地であって，熱帯アジアの本来の自然環境を代表しているとはいえない。だが調査地への往復時間がいらないことと，急に変化する熱帯の気象条件のもとで天候を見て調査に出ることができるうえに，プロジェクト関係の電話連絡や訪問者があった場合には，すぐに事務室に戻って対応できる。こんな事情と考え合わせて，密度の高い調査をする場所をここに決めた。素朴な方法ではあっても，できるだけ時間をかけて一つの場所を見つめ続けることを，私は自分の野外研究の基本姿勢としている。

写真 3-1 パダン市の郊外から望むガド山。左手に両端の尖がったミナンカバウ建築独特の屋根をもつ大きな建物(銀行の研修施設)が見える

　ウル・ガド地区は,インド洋に面した西スマトラの海岸平野が,パリサン山脈の高原地帯に上がる途中の緩やかな斜面にある。背後に古い火山であるガド山(1855m)がそびえている。ガド山の上半分は午後になるといつも暗い雲に包まれていた。この山の西斜面は,インド洋から吹きつける湿った風を正面から受けて,年間降水量9000mmを越える世界有数の多雨地帯となっている(写真3-1)。

　ここは典型的な熱帯雨林帯だが,山麓の丘陵地帯には早くから人が住みついていた。小さく区切られた水田と畑の間に,ヤシやバナナをはじめ各種の有用樹の木立に囲まれた小さな集落が点在している。台地は古い火山灰土に厚く覆われて,そのなかに幾つかの川筋が深く切り込んだ谷間を作っている。センターのある台地の赤いラテライトの土壌は乾燥していて,膝から腰あたりまでの草丈の低いチガヤの茂る荒れ地が広がっている。

　パダンから南に向かう国道沿いにある小さな町から,ガド山に向かって簡易舗装の自動車道が開かれており,パダン・カントリー・クラブのゴルフ場やアンダラス大学の教職員住宅の団地の横

3-1　ウル・ガドの庭　　　　　　　　　　　　　　　　　　　　　　　　　　　　　49

ガド山　　　　　　　　　　　タラン山

SNS 熱帯雨林調査地
（ピナン・ピナンプロット）

ガド山調査区

サタール小屋

排煙

ウル・ガド村

スマトラ自然研究センター

ウル・ガド調査区

アンダラス大学

パダンセメント工場

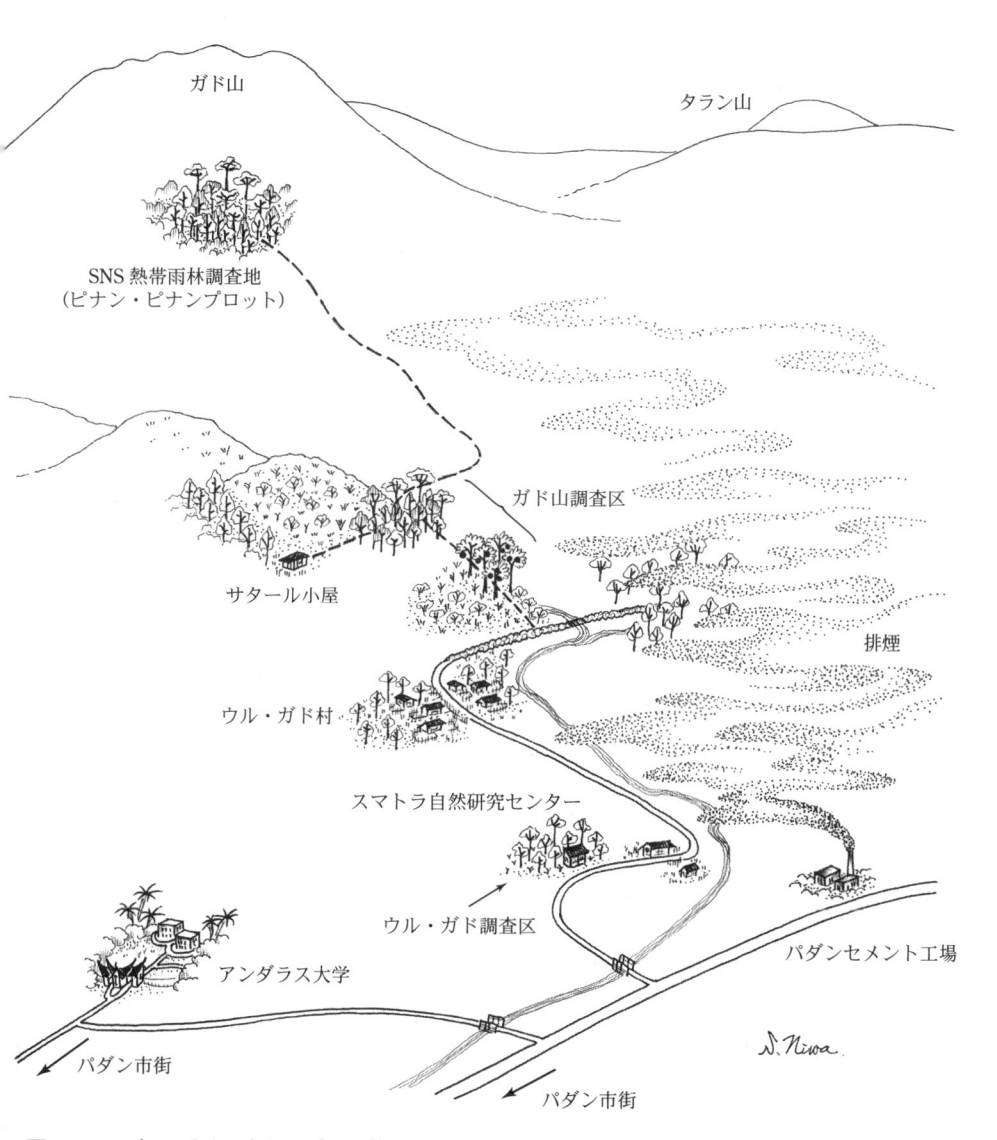

パダン市街　　　　　パダン市街

図 3-1　パダンの東南の郊外，ガド山麓にあるスマトラ自然研究センターを中心としたイラスト・マップ。我々の研究上重要な地点だけを示した概念図（丹羽節子氏作図）。アンダラス大学キャンパス，私のチョウ研究のウル・ガド調査区，ガド山調査区および森林生態チームのガド山熱帯雨林永久調査区の一つピナン・ピナンプロットの位置関係を示す。研究センターと川を隔てた対岸にあるパダンセメント工場の排煙はこの地域の環境に大きな影響を与えている

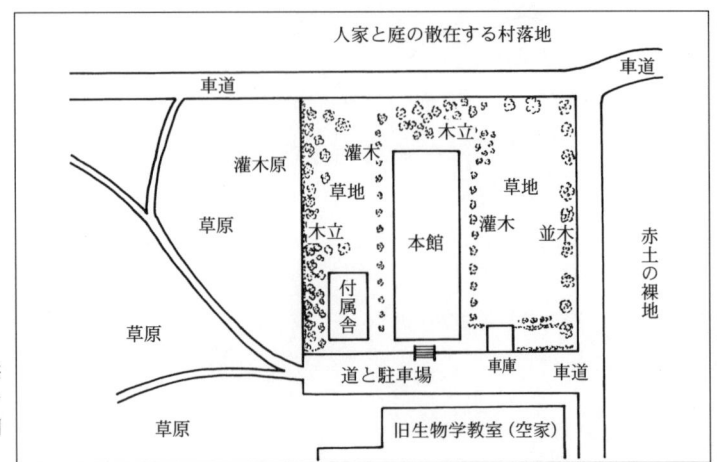

図 3-2 スマトラ自然研究センターの庭とその周辺（ウル・ガド調査区）略図

を2kmほど上がると，スマトラ自然研究センターがあった。研究センターや団地の背後は以前からの村の家々が散在する草原で，南から西にかけては，建設途中で中止され放置された大学の校舎と，その後に建てられた大学の教職員住宅が並んでいる。この自動車道路をさらに上がると，広いチガヤ草原の中にある西スマトラ州営の精神障害者の療養施設の前を経て，センターから4kmほどでウル・ガドの山村に入っている。この間，散在する家や施設の庭に生えたヤシやパパイヤなどの果樹，道沿いに生えたアカシアの並木を除くと，高い樹木はほとんどない。村のあたりから水田が開けているが，村の周囲のほかは樹木が少ない。やがて道は舗装もない石ころだらけの上り下りの急な山道となり，センターから約6kmの所で自動車道は終わって，ガド山へ登る山道になる。このあたりから森林が現れてくる。この細い山道の上り口から山腹をたどって，熱帯雨林の断片の小さな森がある所まで約3kmの間は私の調査地の一つとなった（図3-1）。

このようにガド山の森林地帯から切り離された，草原と水田・畑と散在する村落のなかに私たちのスマトラ自然研究センターがあった。ここは以前には赤土とチガヤの生えた荒れ地だったが，

3-1 ウル・ガドの庭

写真 3-2 スマトラ自然研究センターの庭。南側の草地

　センターが作られて15年余りの間に，センターの庭だけは植栽した樹木が繁ってきて，自然に生えた灌木とともにちょっとした木立になっている。庭園の外側を区切るように高さ15mほどのマホガニー，カポック，フトモモなどの高木が並び，その下にはナンヨウザクラやランタナなどの花木があって，いろいろな虫が吸蜜にきている。研究室の建物を取り囲んで，いつも黄色い花をつけたマメ科の灌木が並んでいる。研究室の建物の南側は，樹木のないチガヤの草原である。こうして森林地帯から6km以上も離れた所に，赤土の露出した荒れ地から再生した樹林と草原の一部を囲い込んだ形で，ウル・ガドの調査地があった。

　この位置や植生のでき上がった経過は，ここで採集されたチョウの生態を考えるうえで大切な条件となる。植物に詳しくない私は，はじめ名も知れない熱帯の草や樹を前にしてとまどったが，研究室を訪れる植物の専門家の助けやアドバイスを得て，ここに生育する主な植物が見分けられるようになった。しかしアフリカや南米からの侵入種も多くて，植物専門家にもすぐにはわからない植物もあった (図3-2; 写真3-2; 口絵写真64)。

　研究センターのある場所から南の，深い谷間を隔てて対岸の約

2kmの所に，大学移転の際に大きな問題となったパダンセメントの工場があって，高い煙突からいつも灰色の煙をあげていた。この排煙に含まれている細かい石灰の粉が，このあたりの自然環境に大きな影響を与えている。研究センターの庭でも，樹木や草の葉の上に白い石灰粉がこびりついて，雨が降っても流れ落ちず，いつもザラザラしていた。このあたりの植物の生育も，他の地域に比べてやや遅れているように感じられた。

主調査区と決めた研究センターの庭とその周囲の灌木・草原におけるチョウの調査は，地区内を巡回しながら目についたチョウを採集し，また採れなかったものは判別できる限り種を記録した。はじめのうちは熱帯アジアのチョウに慣れていなかったので，できるだけ多くのチョウを採集して標本を作り，種の同定能力の向上に努めた。捕虫網を使った採集も，熱帯のチョウに慣れない間はうまくいかず，あまりよく採れなかった。熱帯アジアでのチョウ採集によく使われている誘引トラップは，誘引に使う餌によって集まるチョウが特定の種に偏るおそれがあるので使わなかった。

3-2　スマトラのチョウとの2年間

私は長年昆虫の生態研究を行ってきたが，水生昆虫，果樹害虫，社会性ハチ類と，どちらかといえば昆虫のなかでは特殊なものを対象としてきた。少年時代にはチョウの採集をしたり標本を作ったが，その後40年以上，私の関心はチョウから離れていた。しかし50年余りの野外研究のなかで自然に蓄積された昆虫一般の採集についてのノウハウはもっているつもりだった。ところがこの熱帯でチョウを調べ始めて，日本での経験や常識が通じないことに気がついた。

小学校の頃から昆虫採集をしていた私は，捕虫網で虫を採るのは慣れているつもりだった。水生昆虫やハチの生態を主に研究するようになってからは，捕虫網を使うことも少なくなり，ふだん

は小さなハチやカゲロウを採るための小型の軽い網をもっていたけれども、チョウの採集でも網の届く範囲だったら取り逃がすことはあまりなかった。しかし今度、熱帯のチョウを採集してみて、これまでと勝手が違うことを痛感した。熱帯のチョウは飛翔力が強くて速く飛ぶ種が多い。日本で採集するときのように、網をそっと近づけてすくい採る網さばきでは逃げられてしまう。日本では地面や草上にいるチョウを採るときは、上から網をかぶせて網の底をつまんで持ち上げ、網の中に飛び上がってきたときに網の口を閉じて、チョウを押さえるのが普通だが、ここでは網の中に上がってこないで、下の草むらに潜って地面をはって逃げるチョウがしばしば見られる。私はそれまで使っていた軽い竹柄のスプリング・ネットをやめて、重い丈夫な鉄枠の付いた木柄の網を使うようになった。梢(こずえ)に止まっているチョウを採るときも、力をこめて網を枝にたたきつけて、チョウの止まっている枝葉ごと網に入れた。熱帯アジアの森林中では棘(とげ)のある植物が多く、森の中では網を破らないように細心の注意が必要だった。私はいつも予備の網を携帯していた。

　日本で採集に慣れた人はよく知っているように、タテハチョウ科やシロチョウ科のような科ごとに、あるいはミドリシジミ類やヒカゲチョウ類などグループ別にその見つけ方、アプローチの仕方、採り方が違っている。この熱帯アジアの自然でも、それぞれのチョウのグループごとに採り方を体得するのには数ヵ月を要した。チョウや甲虫などの決まった分類群を対象としたコレクターや分類学研究者と違って、群集研究を目ざした私は、特定の種に偏らずにそこにいるチョウ全部を採集するように心がけた。数ヵ月のうちに私はこの主調査区内のチョウを、まんべんなく集めることができるようになった。

　採集したチョウはすべて展翅して整理し、この地域で採集したチョウ以外の昆虫標本とともに、研究室に保存用の棚を作って収めた。これは私の研究資料であるだけでなく、今後の熱帯生態学

の研究者のための基礎資料であると思っていた。私は今後の自然環境保全のためには，特定の場所で特定の期間に採集できたすべての個体の標本を1個所にまとめて保存しておくことが，特に重要だと考えている。

　この調査は1995年7月から1997年4月までの22ヵ月間継続した。各月を前半と後半に分けて，各半月の総採集時間が10時間以上となるようにした。採集は雨が降っていないときを選び，また気温が20℃以上のときに行った。採集時間はなるべく9時，13時，16時の前後に同じように配分するようにしたが，プロジェクトの業務や天候の関係で，いつもこのとおりにすることはできなかった。したがって薄明，薄暮の時刻によく活動する種が，あまり記録できなかった可能性がある。ただし夜行性のワモンチョウなどはここでは見られなかった。またこの22ヵ月の間で，休暇帰国やジャカルタへの出張などで通算2ヵ月足らずの調査が欠けた期間がある。

　22ヵ月の間に，ウル・ガド地区で採集できたチョウは83種であった。採集個体数は3377個体である。このほかに目撃したが採集できなかった種が3種あった。またこのプロジェクトのアフターケアのために1997年の12月に1週間，1998年の3～4月に約1ヵ月をここですごしたが，そのときに新たに追加する1種（ディオクレティアヌスルリマダラ。ガド山やシピサン調査区では採集されている）を含めて若干の補足資料をとっている。これによって赤道直下の多雨熱帯アジアの，人に撹乱されてやや荒れた灌木草原地帯におけるチョウ群集の姿がわかってきた。これはコレクターや研究者の注目している珍種や稀種のいる原生の熱帯雨林ではなく，いわば人間によって利用されている普通の野外の状態である。

　この種相が豊かなものかあるいは貧しいものか，チョウの生態についてかなりの経験をもたないと判断できないだろう。熱帯アジアでの同様な調査はまだあまり行われていないので，今の段階

では結論は出せないが、最近の十数年間に日本で行われた特定の地域のチョウ相の研究では、十〜数十haの地域での調査で採集された種数がほとんど20〜50種の範囲に納まっている。0.5ha弱の場所で83種というのは、やはり日本に比べて豊かであると考えてもよいであろう。

3-3　種数と個体数 ── チョウ群集の構成

　約53万km^{2}のスマトラ全域に生息するチョウの総種数はまだわかっていないが、いろいろなデータから考えると1200種は下らないだろう。スマトラとよく似た多雨熱帯にあり、狭いマラッカ海峡を隔てているマレー半島のマレーシア国領域内で1031種が記録されている。おそらく東南アジアで最も調査が行き届いているマレー半島のこの資料は、スマトラのチョウを考えるとき、かなり参考となるだろう。

　日本全国から記録されているチョウの種数は、まとめた人によって少し違っているが土着種230種余り、偶産種を含めて300種前後という目安がある。それに比べてマレー半島やスマトラは、おおまかにその3〜4倍ということができよう。

　ただしこの数字には問題がある。日本の場合、たくさんのアマチュア採集者や研究者によって、日本全域にわたって調査が繰り返されているために、生息している種についての調査精度が高いうえに、日本には普通は生息していない種が、自然条件、特に低気圧の移動などで運ばれたり、また船や飛行機などの交通機関に紛れ込んで日本にきて、しばらくの間生活しているいわゆる偶産種が詳しく記録されている。チョウの種相が大きく違っている沖縄と本土を別々に検討すると、日本で記録されているチョウの場合、この偶産種が全種数の20％に近い。これを除かないと正確な比較にはならないだろう。もちろんこの偶産種は別に重要な考察の対象になる。

　スマトラ全体の種数は熱帯昆虫の多様性を考えるうえで重要と

なるが，それは将来の問題として，限られた一つの地域の種数とその個体数を検討するために，ウル・ガドの調査地区で私が22ヵ月の間に採集した種と個体数を表3-1に示した。

私はここで調査期間中に8科83種3377個体のチョウを採集したが，樹木や建物で隠れている部分を別にして，一目で見渡すことができる今回の調査区約4000 m²，つまり1 haの半分にも足りない場所で見つかったチョウとしては，種数，個体数ともにかなり多いものといえるのではなかろうか。これが，赤道直下の多雨熱帯の人里の周辺で見い出されるチョウの一例である。採集地の広さや環境条件は違っているが，日本の各地で行われたチョウ相の調査結果と比べてみると，それはますますはっきりとしてくる。

次にその種構成を見てみよう。まずここで採集された種を科別に検討する。科別に見るとセセリチョウが圧倒的に多く，タテハチョウ，シロチョウがこれに次いでいる。熱帯アジアの自然のなかで最も目をひくアゲハチョウやマダラチョウは，種数としては必ずしも多くはない。熱帯アジアではセセリチョウが多いことは文献などではある程度は知っていたが，採集していて実感したのは今度が初めてだった。

ここでセセリチョウが多い理由の一つは，この調査地域の周辺がイネ科植物が優占する草原であるためとも考えられる。さらに従来の調査に比べてセセリチョウが多く採集されたのは，私が熱帯のセセリチョウにしだいに慣れてきて，発見効率が上がったためではないかとも思っている。熱帯のセセリチョウにはアオバセセリやバナナセセリのように大型の種もあるが，大半は前翅の長さが2 cmにも満たない小型の種で，しかも非常に敏捷であり，飛んでいるのを見ることはほとんど不可能である。梢の葉上などに止まっているのを見つけても，少しでも驚かせるとアッという間に飛び立ってどこかへ見えなくなる。森林性のクロセセリ類のように割合にゆっくりと飛ぶものもあるが，草原地帯で多くの種

3-3 種数と個体数——チョウ群集の構成

表3-1 ウルガド調査区で採集されたチョウ類

種名（学名）	和　名	♂	♀	計
Hesperidae	**セセリチョウ科**			
Ampittia dioscorides camertes (Hewitson)	ニセキマダラセセリ	57	13	70
Oriens gola pseudolus (Mabille)	ハヤシキマダラセセリ	72	13	85
Potanthus omaha copia Evans	キマダラセセリ	76	12	88
P. trachala trachala Mabille	トラカラキマダラセセリ	15		15
P. conficius dushta (Fruhstorfer)	コンフィシアスキマダラセセリ	82	16	98
Cephorenes acalle miasicus Plotz	アカレオキマダラセセリ		1	1
Taractrocera luzonensis tissara Fruhstorfer	ジクレアヒナタキマダラセセリ	17		17
Telicota colon vaja Corbet	ネッタイアカセセリ	11	2	13
Erionota thrax thrax (L.)	バナナセセリ	1		1
Hidari irava (Moore)	ヤシセセリ	29	22	51
Parnara apostata apostata Snellen	アポスタタイチモンジセセリ	99	17	116
P. bada bada (Moore)	ヒメイチモンジセセリ	66	53	119
Borbo cinnara (Wallace)	キンイラユウレイセセリ	17		17
Pelopides agna agna (Moore)	アグナチャバネセセリ	1	3	4
P. mathias mathias (Fabricius)	チャバネセセリ	18	8	26
P. conjunctus conjunctus (Herich-Schafer)	コンジュンクツスチャバネセセリ	1	1	2
Polyteremis lubricans Herich-Schafer	キモンチャバネセセリ	25	1	26
Caltoris maraya Evans	クロチャバネセセリの1種	1		1
Udaspes folus Cramer	オオシロモンセセリ		1	1
				751
Papilionidae	**アゲハチョウ科**			
Princeps demoleus maiayanus Wallace	オナシアゲハ	43	16	59
Papilio polytes theseus Cramer	シロオビアゲハ	19	21	40
〃　　　　　(red-mark type)	〃　　　（赤紋型）		12	12
P. memnon anceus Cramer	ナガサキアゲハ	34	9	43
P. demolion demolion Cramer	オビモンアゲハ	2		2
P. nephelus albolineatus Forbs	ネフェルスアゲハ		1	1
Graphium sarpedon sarpedon L.	アオスジアゲハ	3	1	4
G. agamemnon agamemnon L.	コモンタイマイ	5	14	19
				180
Pieridae	**シロチョウ科**			
Eurema brigitta drona Horsfield	ホシボシキチョウ	332	257	589
E. hecabe hecabe (L.)	キチョウ	38	58	96
E. blanda snelleni Fruhstorfer	ブランダキチョウ	95	52	147
E. alitha bidens Butler	アリタキチョウ	35	28	63
E. sari sodalis Moore	サリキチョウ	1	1	2
E. nicevllei nicevllei Butler	マレーアトグロキチョウ	1		1
Catopsilia scylla cornlia Fab.	キシタウスキチョウ	40	26	66
C. pomona pomona Fab. (no-mark type)	ウスキシロチョウ（無紋型）	38	34	72
〃　　　　　(pomona form)	〃　　　（銀紋型）	12	8	20
C. pyranthe pyranthe L.	ウラナミシロチョウ	35	21	56

表3-1（続き）

種名（学名）	和 名	♂	♀	計
Appias olferna olferna Swinhoe	オルフェルナトガリシロチョウ	23	28	51
A. lyncida hippo Cramer	タイワンシロチョウ	1	1	2
A. cardena hagar Vollenhouven	カルデナトガリシロチョウ	1		1
Delias pasithoe triglites Talbot	アカネシロチョウ	18	7	25
D. hypareta dispoliata Fruhstorfer	ベニモンシロチョウ	14	8	22
				1213
Lycaenidae	**シジミチョウ科**			
Lampides boeticus L.	ウラナミシジミ	24	42	66
Catochrysops panormus (C. Felder)	ウスアオオナガウラナミシジミ		1	1
Jamides celeno aelians (Fab.)	コシロウラナミシジミ	33	4	37
Prosotes nora superdates (Fruhstorfer)	ヒメウラナミシジミ	13	9	22
P. dubiosa	ドゥビオサヒメウラナミシジミ	8	8	16
Nacaduba biocellata baliensis Tite	ヒメウラナミシジミの1種	1	2	3
Euchrysops cnejus F.	オジロシジミ	1		1
Rapala manea	マネアトラフシジミ	2		2
Deudorix sp.	ヒイロシジミの1種	1		1
Zizina otis otis (Fab.)	シルビアシジミ	40	2	42
Zizeeria karsandra (Moore)	ハマヤマトシジミ	1		1
Ziziura hylax (Fab.)	ホリイコシジミ	1		1
				193
Danaidae	**マダラチョウ科**			
Euploea leucostrictus vestigiata Butler	マルバネルリマダラ	9	21	30
E. phaenareta statius Fruhstorfer	パエナレタルリマダラ	7	2	9
E. mulciber vandeventer Forbs	ツマムラサキマダラ	2		2
Parantica aspasia thargalia Fruhstorfer	アスパシアアサギマダラ	1		1
Ideopsis vulgaris macrina Fruhstorfer	ブルガリスヒメゴマダラ	7	14	21
Anosia chrysippus chrysippus (L.)	カバマダラ	4	4	8
A. genutia sumatorana Moore	スジグロカバマダラ		1	1
				72
Nymphidae	**タテハチョウ科**			
Junonia hadonia ida Cramer	イワサキタテハモドキ	34	55	89
J. almana almana (L.)	タテハモドキ	26	16	42
J. atlites atlites (L.)	ハイイロタテハモドキ	68	19	87
J. orithya wallacei Distant	アオタテハモドキ	2	1	3
Doleschallia bisaltida partipa C. & R. Felder	イワサキコノハ	1		1
Cupha erymanthis erymantis Drury	タイワンキマダラ	3	7	10
Euthalia aconthea purana Fruhstorfer	アコンテアイナズマ	11	16	27
E. adonia sumatorana Fruhstorfer	アドニアイナズマ		2	2
Hypolimnas bolina jacintha Drury	リュウキュウムラサキ	1	4	5
H. misippus (L.)	メスアカムラサキ		1	1
Cethosia methypsea carolinae Forbs	メティプセアハレギチョウ	1		1
Cirrochroa malaya malaya C. & R. Felder	マラヤミナミヒョウモン		1	1

3-3 種数と個体数 ── チョウ群集の構成

表3-1（続き）

種名（学名）	和 名	採集個体数 ♂	♀	計
Naptis hylas papaja Moore	リュウキュウミスジ	36	23	59
Athyma perius hierasus Fruhstorfer	ミナミイチモンジ	14	15	29
A. nefte subrata Moore	ネフテミナミイチモンジ	1		1
				358
Satyridae	**ジャノメチョウ科**			
Ypthima philomela philomela L.	ピロメラウラナミジャノメ	69	68	137
Mycalesis perseus cepheus Butler	ヒメヒトツメジャノメ	37	30	67
M. mineus macromalayana Fruhstorfer	ミネウスコジャノメ	35	21	56
M. horsfieldi hermana Fruhstorfer	ホルスフィエルディコジャノメ	43	17	60
Orsotriaena medus medus Fab.	メドウスニセコジャノメ	29	19	48
Melantis leda leda L.	ウスイロコノマチョウ	133	61	194
Elymnias panthera tautra Fruhstorfer	パンテラルリモンジャノメ		1	1
E. nesaea laisidis de Niceville	ネサエアルリモンジャノメ	40	11	51
				614
Amathusiidae	**ワモンチョウ科**			
Amathusia phidippus phidippus L.	フィデプスコウモリワモン	8	4	12
				12

科別種数および個対数

科 名	種数	個体数
セセリチョウ科	19	751
アゲハチョウ科	8	180
シロチョウ科	15	1213
シジミチョウ科	12	193
マダラチョウ科	7	72
タテハチョウ科	15	358
ジャノメチョウ科	8	614
ワモンチョウ科	1	12
計	85	3393

が見い出されるキマダラセセリやチャバネセセリの類は，発見と採集にかなりの熟練が必要だった。

同じように小型のチョウでも，セセリチョウに比べてシジミチョウは少ない。日本にもいるウラナミシジミやシルビアシジミのほかに，熱帯性のシロウラナミシジミやヒメウラナミシジミ類が目立っていたが，春の日本の草地のように，シジミチョウがいつでもチラチラと飛んでいるといった状態ではなかった。

熱帯で種が多いといわれているタテハチョウは，ここでは必ずしも多くはなかった。また，大きくて美しい色彩や模様をもって，熱帯の自然のシンボルの一つともされているマダラチョウやアゲハチョウの類も多くなかった。ただしこの種相の特徴は，熱帯一般というよりもむしろこの調査地の特徴であって，広い目で見ればまた別の視野が開けてくることは，私が補助調査区としたガド山とシピサン村のデータと比較してみるとわかってくる。

各種ごとに採集された個体数の多少は，それぞれの種の性格を理解するうえで無視できない。データを見ると2年間で500個体以上採集された種(ホシボシキチョウ)から，1個体しか採れなかった種まで大きな違いがある。私はごく素朴な方法であるが，昆虫群集の特徴を検討する場合には，ある地域で一定期間に採集された種を，次の四つのカテゴリーに分けて考えることにしている。

(1) その地域生態系にとって欠くことのできない構成要素となっているもの。

(2) その地域生態系にとって大切な構成要素ではあるが，必ずしも不可欠とはいえず，他の種によって代替できるもの。

(3) その地域生態系を利用しているが，その種がいてもいなくても生態系の構造や働きに大きな影響はないもの。

(4) 偶然にその地域生態系に入ってきたけれども，その生態系の構成要素としてはほとんど無意味であるもの。

これは地域の面から考えた場合であるが，動植物の立場から考

3-3 種数と個体数——チョウ群集の構成

えてみると，(1)と(2)の種の大半はその地域で生活環のすべてを完了しているか，あるいは決まった季節移動をしている種でも，生活環の一部をすごすためにその地域を必要としている種である。それに対して(3)は普通は別の地域あるいは環境に生活の場をもっているが，その他の環境でも生活できる種であり，(4)は他の地域に本来の生活の場をもっている種の1個体がまったく偶然に紛れ込んできたが，そこでは存続することができない場合である。日本で採集されるチョウのなかでもいわゆる迷蝶などといわれているものはこの(4)のケースにあたる。もちろんこれらの(1)〜(4)までのケースは明確な区別ができないことも多く，それらの境目で，場合によってどちらに入るかが決まってくる種もあるだろう。

　それぞれの種がどれに属するかは，その種の生態と地域生態系についての詳しい調査と検討によって初めて決定できるが，第一歩として各種の個体数を手がかりとして分けてみることから始めたい。なお，ごく個体数が少ないがその地域に安定して棲みついている種もある。このような定着種の個体数レベルが何によって決まっているかは重要な問題であるが，簡単に論じ切れないのでここでは取り上げない。

　この地区で採集された83種について，22ヵ月の間に採れた個体数を101個体以上，21個体から100個体の間，2個体から20個体の間，1個体だけの4グループに分けて，それぞれ前記の(1)〜(4)に対応させてみると次のようになる。

　　グループ(1)　　　6種
　　グループ(2)　　　35種
　　グループ(3)　　　22種
　　グループ(4)　　　20種

　これで見ると，約2年間に100個体以上採集されたものが6種ある一方，1個体しか採れなかったものが20種あったことがわかる。

100個体以上が採れた種はアポスタタイチモンジセセリ（116個体），ヒメイチモンジセセリ（119），ホシボシキチョウ（569），ブランダキチョウ（147），フィロメラウラナミジャノメ（137），ウスイロコノマチョウ（194）と，セセリチョウ科，シロチョウ科，ジャノメチョウ科のそれぞれ2種である（口絵写真3, 25, 26, 89, 90）。そうしてウスイロコノマチョウを除いた5種は，いずれも開けた草原の上を飛んでいる種である。特にこのなかでも569個体という圧倒的多数が採れたホシボシキチョウは，本来はアフリカのサバンナ地帯の原産の外来種であって，アジア熱帯雨林に適応した種ではない。こうした草原性の種が優占する調査区のチョウ相は，熱帯雨林地帯のなかで，人が開拓して元の植生を破壊した後にできた，半ば放任された自然の姿を表しているように思われる（写真3-3）。
　その逆に，2年間に1個体しか採れなかった20種は次のような種である。

　　セセリチョウ科：アカレオオキマダラセセリ，バナナセセリ（口絵写真6），クロチャバネセセリの1種，オオシロモンセセリ

　　アゲハチョウ科：ネフェルスアゲハ

　　シロチョウ科：マレーアトグロキチョウ（口絵写真7），カルデナトガリシロチョウ（口絵写真4）

　　シジミチョウ科：ウスアオオナガウラナミシジミ，オジロシジミ，ハマヤマトシジミ，ヒイロシジミの1種，ホリイコシジミ（口絵写真38）

　　マダラチョウ科：アスパシアアサギマダラ（口絵写真54），スジグロカバマダラ（口絵写真56）

　　タテハチョウ科：イワサキコノハ，メスアカムラサキ，メプティセアハレギチョウ（口絵写真57），マラヤミナミヒョウモン，ネフテミナミイチモンジ

　　ジャノメチョウ科：パンテラルリモンジャノメ

3-3 種数と個体数 —— チョウ群集の構成　　　　　　　　　　　　　　　　　63

写真 3-3 研究センターの庭に多いチョウ2種。ⓐ ホシボシキチョウ　ⓑ アポスタタイチモンジセセリ

写真 3-4 研究センターの庭でまれに見られるチョウ2種。ⓐ カルデナトガリシロチョウ　ⓑ アスパシアアサギマダラ

　このなかにはバナナセセリ，ネフェルスアゲハ，スジグロカバマダラ，メプティセアハレギチョウ，パンテラルリモンジャノメなどのように，このウル・ガド調査区ではごく少ないが，シピサンなどの西スマトラ州のほかの地域では普通に採集できる種がある一方，カルデナトガリシロチョウ，マラヤミナミヒョウモンなどのように他の地域でもあまり採集できない稀な種も混じっている（写真3-4）。
　私たちが熱帯アジアの町を訪れてその郊外で目にする，一面に広がる水田や荒れ地と，そのなかに点在するヤシの木立に囲まれた小さな村々，小高い丘などのうえに赤や黄色の小さい花を咲か

写真 3-5 一つの環境に同じ種のいろいろな型が現われる。研究センターの庭に飛来するナガサキアゲハの3型

有尾型

無尾型

せている灌木のタマリンドの茂みや，低く尖がった葉を立てているチガヤの繁る草原の間に，赤土の露出した裸地があるごく普通の荒れ地のなかで活動しているチョウ群集の姿の一つがここではっきりとしてきた。それは私たちがテレビや自然愛好者の旅行記でよく聞いている色彩と生命にあふれた熱帯の自然とは違ったものであるが，われわれの周りで見る日本の野山に比べて，やはり豊かな生命に満ちた熱帯の自然の一部である（写真3-5）。

4 多雨熱帯の山と村

4-1 補助調査地の目的

　野外生態学では，決まった場所で密度の高い調査を繰り返すことによって，できるだけ詳しい資料を集めることが大切である。ある程度の資料が集まれば，それをもとにして調査労力を節約して精度の高いデータをとることも可能になるが，予測できない現象に満ちた自然を対象とするとき，最初はある程度は無駄になることも覚悟して，大量の「なま」のデータを集めるのが私の方針だった。そのためには，一つの地域に労力を集中しなければならない。しかし一つの地域に調査労力を集中すると，集まったデータのどれがより広く自然の姿を表しているのか，どれがその地域の特殊性を表しているのか見分けがつかない。そのためにわれわれは文献を調べて比較する資料を求めるのだが，未開拓の分野では対照資料が見い出せないことが多い。この場合，私は労力を集中する主研究地のほかに，二つの補助研究地区を設定して比較する方針をとった。対照データを2点とって，主データと合わせて3点の比較をすることは，これまでに野外調査を繰り返しているうちにいつしか体得したやり方だった。

　熱帯の生態系研究は今や世界の大きな流れである。しかし研究を始めようとすると，参考となる基本的な文献はあまり多くない。

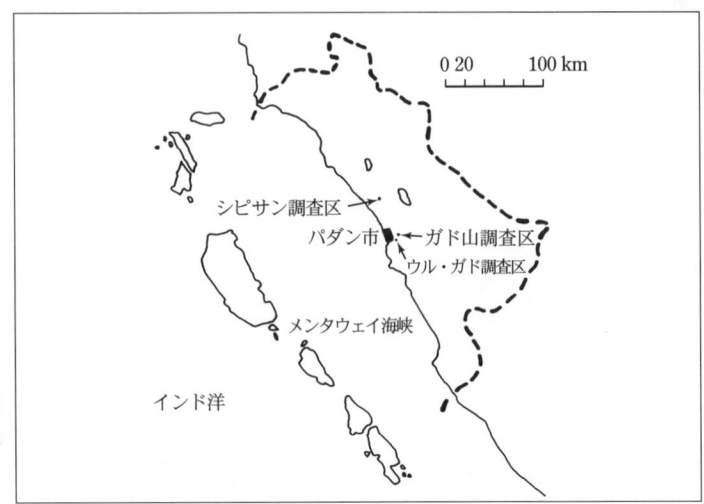

図 4-1 西スマトラ州内のチョウの調査地（ウル・ガド，ガド山，シピサン村）

　熱帯生態学をテーマとした書物や総説論文はここ10年間に無数に出ているが，私が調べようと考えてきた多雨熱帯の自然のダイナミックスを生き生きと表現したような文献にはなかなか出会わない。アジア熱帯の自然史に関しては，その出発点となった19世紀のウォーレスの『熱帯の景観』が，今なお最も参考となる場合も少なくない。私はまず自分で体験をもとにして，多雨熱帯アジアの記録を残していこうと考えた。理論や学説は時代とともに変わっても，原資料はいつまでも生き続けるものである。

　私が補助調査区としたのは，研究センターの東にそびえるガド山の山腹にある森林地帯と，パダン市の北約60kmの丘陵地帯にあるシピサン村であった。この2地区は私たちのスマトラ自然研究プロジェクトの継続調査地であって，日本とインドネシアの動植物，土壌，農業，人文地理の研究者たちの長年のフィールドである。私の主調査地のウル・ガド地区を都市郊外のやや荒れた灌木・草原地帯とすれば，ガド山は山岳の森林地帯，シピサンは農山村（日本でいう中山間地域）で，谷間の里山・里地地帯を代表する自然環境と見ることができた（図4-1）。

4-2　山畑と原生林 ── ガド山調査区

　研究センターからガド山の登山口に向かう道は，4kmほどで道幅は狭くなり，舗装のない石ころ道になる。道の両側は昔からのウル・ガド村で，道の両側には小さな平屋の家が並んでいる。村人は主に農業（水田と山畑）で暮らしているが，水田となる平地が少ないためか，山中でドリアンやマンゴスチンなどの果樹を作ったり，熱帯林の中に生える藤蔓(ふじづる)（ラタン）を採取して加工業者に売っている人もいた。私たちの研究室の調査補助員には，この村からきている者が何人もいた。この村の人たちはパダンの町の人たちに比べて背丈が低く肌色は浅黒く，一見して人種が違うような印象を受けた。性格は素朴で人なつこい一方，直情でちょっとしたことでケンカをして，問題を引き起こすことがあった。一度この村から研究センターにきている若者の結婚式に招待されたことがある。村の裏山の斜面に，山畑に囲まれて建っている一軒家での結婚式は賑やかで楽しいものだった（写真4-1）。

　村の南側は深い谷で，その底に川が流れている。北側は階段状の水田や山畑などをのせた緩やかな斜面で，そのさきにはガド山の森林に覆われた山腹がしだいに高くなっている。ガド山の斜面はかなり高い所まで山畑が広がり，農民が山畑の農作業の忙しいときに泊まるいわゆる「出作り小屋」が散在している。

　山の村の最後の家をすぎると，道は山の斜面をブルドーザで削って平たくしただけの石ころだらけの山道となり，急な上り下りがあり，雨が降ると路面は浸食されて深い割れ目ができ，ジープかランドクルーザーでなければ通れない。この荒れた山道を上ると車道は川に行き当たって終わる。川には屋根の付いた細い木橋がかかっている。余談だがこのさきに大きな滝があって，パダン市ではここを観光地として開発しようと思って，車の通る道だけは川の向こうにもできているのだが，自動車が渡る橋ができないために放置されたままになっている。ブルドーザで森林を開き山

腹を削って作った道は，崩れた路肩やむき出しになった路面から，雨のたびに大量の土砂が流れ出して，山の斜面の大木を倒し川岸を崩して，周囲の森林や川底に大きな影響を与えているが，このひどい自然破壊を防止する配慮は今のところ見られない。ここに限らず，山地の自動車道路の建設作業が，森林や河川の環境に大きな破壊を引き起こしている状況はスマトラ各地で見られる。

村を離れて2km余りの道沿いの木立のなかに，簡単な小屋がけ

写真 4-1 山村の結婚式。
ⓐ 新郎・新婦の座席，ⓑ 招待された村人たちはお祝いの品（畑の収穫物など）をもって畦道を歩いてくる

4-2　山畑と原生林 —— ガド山調査区

写真 4-2　ガド山中の小屋で作られている石の「すり鉢」と「すりこぎ」

をした石工の仕事場があった。浅黒くて背の低い石工さんは山中から集めてきた石を小屋のそばに積んで，一人で単調なノミの音を響かせていた。作っているのはパダンのどの家庭にもある，スパイスをすり砕く料理用の小型の「すり鉢」と「すりこぎ」だった(写真4-2)。ここを通って山に入る私は，この石工さんの言葉はミナン訛りがひどくてほとんどわからなかったが，いつも目礼をして通るうちに，いつしか顔なじみになった。静かな山のなかに響いていたコツコツと石を刻むノミの音は，今でも私の耳に残っている。

　道路が川に行き当たる少し手前から左手に入って，山腹を登る幅50cmほどの踏み分け道がある。この道は断崖の側面をはい，尾根の木立や草地，あるいは小さな湿地を縫って登っている。このあたりは熱帯の山をよく知らない人には，自然の森林や灌木林のように見えるが，実際はドリアンを主とした果樹園であり，高さ15mを越すドリアンの大木が灌木やチガヤの茂みのなかに点在している。ドリアンの収穫期には村の人たちが下生えの灌木や草を刈り払って，落ちてくるドリアンの大きな果実を見つけやすいようにする。ドリアンの収穫期に園の持ち主が泊り込む出作り小屋があちこちに見られる。なかにはかなり大きくて間口や奥行

きが5mを越す高床式の家もあるが，ふだんは無人である。スマトラの他の地域と同様に，ここでも最近になってニッケイの栽培が始まり，灌木地を開いて赤い葉を付けた細い灌木のニッケイの若木を植えた所もある。畑の所々に濃い緑の葉がこんもりと茂ったマンゴスチンの樹がある。

　登り口から3kmほどで道は高さ20～40mの自然の大木が密集している森に入る。この森の中で道は三つに別れる。一番左の道は道とも思えないような土のむき出した急斜面だが，この坂を登ると傾斜の緩やかな平地があって，ちょっとしたテラスをもった軒の低い家が一軒建っている。この家をわれわれはサタール小屋とよんでいた。下のウル・ガドの村にすむ農民のサタールさんの山畑のための出作り小屋だが，10年以上前からわれわれのスマトラ自然研究の植物や森林研究チームは，何日もかかるフィールド調査のときにはこの小屋を借りて基地としていた。アンダラス大学の生物学科学生の野外実習にも使われていた。サタールさんは畑仕事の都合で下の村とこの山小屋の二つの家を使い分けていたが，2年ほど前に当主が亡くなって，老いた奥さんが時々ここにきては家や周りの畑や庭の手入れをしていた（写真4-3；口絵写真8）。

　森の中から山の上に向かう山道は，幅が10mくらいの川に行き当たる。橋はなく水中を歩いて渡ると，尾根道の周りにまた山畑が広がっている。この尾根道から右の森に入ると，細い急な坂道がガド山の高い峰に向かっている。このあたりで山畑はなくなって原生林地帯になる。さらに3kmほど登った海抜約800mの急斜面に，われわれのスマトラ自然研究計画の初期の1980年頃に，森林研究チームが設定した熱帯雨林調査の1haの永久方形区がある。このあたりまでくるとまったくの野生の自然で，トラや大蛇が棲んでいるために，われわれもなるべく一人では行動しないようにしていた。サタール小屋でも，数年前にここで飼っていたウシがトラに食われたという話を聞いた。

4-2 山畑と原生林 ── ガド山調査区

写真 4-3 ガド山調査区の終点。サタール小屋

　私はチョウの調査区を山道の登り口からサタール小屋までの約3kmに設定した。これより上の原生林地帯は，道が急傾斜で登るだけでかなりの体力を費やす。いつも一人で調査する私の場合は，安全を考えて，トラをはじめ野生動物の危険が少なく，また天候が急変しやすい山の中で避難小屋などがある場所を行動範囲とした。熱帯の山岳地帯の天候はわずかの時間の間に変わるばかりでなく，場所によっても非常に違う。1kmくらいしか離れていない2個所で，一方がよく晴れているのにもう一方では数mさきも見えない豪雨という場合も少なくない。ことにインド洋に面してモンスーンがまともに当たるこの西スマトラの山岳地帯は，世界でも有数の多雨地帯である。降水量は，パダン市のある低地でも年間6000mmを越える。気象観測点が少ないために確かな資料はないが，山地帯では年間9000mm以上といわれる所もある。雨が降り始めると短時間の間に山道は川となり，ふだんは深さ10cmもなかった細い流れが背丈を越える濁流となる。いくらか健康に自信はあっても60歳を越えた私は，若い頃のように体力にまかせて行動することは避けなければならない。もしこの外国

の山の中で遭難した場合には，日本国内と比べてはるかに多くの人に迷惑をかけることを考えて，私はできるだけ安全な調査方法をとることにしていた。

4-3 ガド山のチョウ

この調査区では，天候のよい日の10～14時までの4時間に3kmの道をゆっくりと往復して，目についたチョウを採集した。ここは昼すぎまでよく晴れていても15時以降は激しい夕立がくることが多いので，14時までに調査を終わることを目標とした。この調査を2ヵ月に1回は行うように心がけたが，プロジェクトの業務が多いときはウル・ガドの主調査区を優先したので，なかなか予定どおりには実施できなかった。したがってその調査精度はウル・ガド地区に比べて相当に低い。さらに深い森林地帯では，高い樹冠のあたりを飛んでいるチョウは，下から見えていても採集できないので，この調査では，実際にここに生息している種のかなりの部分が欠落していると思われる。そうした点を考慮してデータを見なければならない。

この地区で採集したチョウを表4-1にまとめて示した。表に示したように，ガド山中腹の山畑・森林地帯で採集されたチョウは8科，80種，362個体であった。さらに飛んでいるのを確認できたが採ることができなかった種が，大きなキシタアゲハをはじめ少なくとも4種はある。

この種相を見るとわずか7～8kmしか離れていないのに，チョウ相がウル・ガド地区と大きく違っているのに驚かされる。セセリチョウ科が少ないのは調査精度が低いためかもしれないが，シジミチョウ科やタテハチョウ科が目立って多い。さらに優占する種がすっかり入れ替わって，ウル・ガド地区で圧倒的に多かった6種（アポスタタイチモンジセセリ，ヒメイチモンジセセリ，ホシボシキチョウ，ブランダキチョウ，ピロメラウラナミジャノメ，ウスイロコノマチョウ）が，ブランダキチョウ以外はほとんど採

4-3 ガド山のチョウ

表4-1 ガド山調査区のチョウのリスト

種名（学名）	和 名	♂	♀	計
Hesperidae	**セセリチョウ科**			
Arnetta verones (Hewitson) 近似種		2	3	5
Polytermis lubricans Herich-Schafer	キモンチャバネセセリ	1		1
Potanthus omaha copia Evans	キマダラセセリ		4	4
Telicota ohara	オハラネッタイアカセセリ	1	1	2
Hesperidae sp. 2	（不明種。全体黒いセセリ）	6	2	8
				20
Papilionidae	**アゲハチョウ科**			
Papilio nephelus albolineatus Forbs	タイワンモンキアゲハ	7	1	8
P. memnon anceus Cramer	ナガサキアゲハ	3	1	4
P. demolion demolion Cramer	オビモンアゲハ	1		1
P. polytes theseus Cramer	シロオビアゲハ	1		1
Graphium agamemnon agamemnon L.	コモンタイマイ		1	1
Lamproptera curius curius Fab.	スソビキアゲハ	1		1
				16
Pieridae	**シロチョウ科**			
Eurema blanda melleni Fruhstorfer	ブランダキチョウ（タイワンキチョウ）	23	5	28
E. hecabe hecabe (L.)	キチョウ	18	16	34
E. sari sodalis Moore	サリキチョウ	12	12	24
E. alitha bidens Butler	アリタキチョウ	2		2
E. nicevillei nicevillei Butler	マレーアトグロキチョウ	2		2
E. brigitta drona Horsfield	ホシボシキチョウ	1		1
E. simulatrix Staudinger	シムラトリックスキチョウ	1		1
Gandaca harina Horsfield	ムモンキチョウ	1	1	2
Catopsilia pomona pomona Fab.	ウスキシロチョウ	2	3	5
C. pyranthe pyranthe L.	ウラナミシロチョウ	2		2
Appias lyncida Cramer	リンキダトガリシロチョウ （タイワンシロチョウ）	2		2
A. cardena Hewitson	カルデナトガリシロチョウ	1		1
A. indra Moore	インドラトガリシロチョウ （クモガタシロチョウ）	1		1
				105
Lycaenidae	**シジミチョウ科**			
Lampides boeticus L.	ウラナミシジミ	1		1
Jamides celeno aelians (Fab.)	コシロウラナミシジミ	2	7	9
J. pura	プラルリウラナミシジミ	6	4	10
Ionolyce helicon meguiana (Moore)	トガリバウラナミシジミ	1		1
Prosotes nora superdata (Fruhstorfer)	ヒメウラナミシジミ			3
Pithecops corvus Fruhstorfer	リュウキュウウラボシシジミ			15
Caleta elna elvira (Fruhstorfer)	エルナシロサカハチシジミ			4
Megisba malaya Moore	タイワンクロボシシジミ	1		1
Hypolycaena erylus teatus Fruhstorfer	エルリスツメアシフタオシジミ		1	1
Flos diardi capeta (Hewitson)	ディアルディニセムラサキシジミ		1	1

表4-1 (続き)

種名 (学名)	和　名	♂	♀	計
Everes lacturnus lacturnus (Godat)	タイワンツバメシジミ		1	1
Zizimaotis otis (Fab.)	シルビアシジミ	1		1
Allotinus sp.	エビアシシジミの1種		1	1
				49
Danaidae	**マダラチョウ科**			
Euploea leucostrictus vestigiata Butler	マルバネルリマダラ	2		2
E. phaenareta statius Fruhstorfer	パエナレタルリマダラ	1	1	2
E. muliciber vandeventeri Cramer	ツマムラサキマダラ	1	1	2
E. diocletianus Fab.	ディオクレティアヌスルリマダラ	1		1
Parantica aspasia Fab.	アスパシアアサギマダラ	3	1	4
Ideopsis vulgaris macrina Fruhstorfer	ブルガリスヒメゴマダラ	1	1	2
I. gaura eudora Gray	ヒメゴマダラ	2		2
Idea lynceus Drury	リンケウスオオゴマダラ	1		1
Anosi genutica sumatorana Moore	スジグロカバマダラ	1	2	3
				19
Nymphidae	**タテハチョウ科**			
Junonia hadonis ida Cramer	イワサキタテハモドキ	8	4	12
J. almana almana (L.)	タテハモドキ	4	1	5
J. atlites atlites (L.)	ハイイロタテハモドキ	4	1	5
J. iphita tosca Fruhstorfer	クロタテハモドキ （イピタタテハモドキ）	8	2	10
Cupha erymanthis erymanthis Drury	タイワンキマダラ	7	5	12
Vagrans sinka sinka Koller	オナガタテハ	1	1	2
Euthalia monina viridibasis Fruhstorfer	モニナイナズマ		1	1
Tanaecia aruna pratyeka Fruhstorfer	アルナコイナズマ	2	2	4
Cynitia sp. 1	ヒメイナズマの1種	1	2	3
C. sp. 2	ヒメイナズマの1種	1		1
Lexias dirtea montana Hafen	ディルテアオオイナズマ	1	1	2
Stibochiona coresia paupertas Tsukada	ヒメスミナガシ	4	1	5
Hypolimnus anomala anomala Wallace	アノマムラサキ	5	1	6
Cethosia methypsea carplinae Forbs	メティプセアハレギチョウ	1	4	5
Cirrochroa emalea	エマレアミナミヒョウモン	1		1
Terinos atlita atlita Fab.	ビロードタテハ	1		1
Neptis hylas papaja Moore	リュウキュウミスジ	5	3	8
N. ilira cindia Eliot	イリラミスジ	3		3
Pantoporia paraka paraka Butler	パラカキンミスジ	2		2
Athyma perius hierasus Fruhstorfer	ミナミイチモンジ	1	1	2
Cyrestis nivea nivalis C.& R. Felder	ニベアイシガキチョウ	2	1	3
Chersonesia intermedica intermedica Martin	インテルメディアチビイシガキ	6		6
C. rahria rahria Moore	ラリアチビイシガキ	2		2
Charaxes bernardus ajax Fawcett	ベルナルダスフタオ	1		1
				97

表 4-1 （続き）

種名（学名）	和　名	採集個体数 ♂	♀	計
Satyridae	**ジャノメチョウ科**			
Yethima pandocus corticaria Butler	パンドクスウラジャノメ	17	8	25
Ragadia makuta minova Fruhstorfer	マクタシマジャノメ	3	2	5
Mycalesis perseus cepheus Butler	ヒメヒトツメジャノメ	1		1
M. mineus macromalayana Fruhstorfer	ミネウスコジャノメ	2	2	4
M. horstofieldi hermana Fruhstorfer	ホルストフェルディコジャノメ	1		1
M. orseis orseis Hewitson	オルセイスコジャノメ	3	1	4
Orsotrianea medus medus Fab.	メドウスニセコジャノメ	4	2	6
Melantis phedima abdullae Distant	クロコノマチョウ	3	1	4
Elymnias nesaea laisidis de Niceville	ネサエアルリモンジャノメ	2		2
				52
Amathusiidae	**ワモンチョウ科**			
Faunis canens Hubner	カネンスヒメワモン	1		1
				1

目撃　キシタアゲハ，アオスジアゲハ，ルリモンアゲハ，キオビワモン

科別種数および個体数

科　名	種数	個体数
セセリチョウ科	5	20
アゲハチョウ科	6	16
シロチョウ科科	13	105
シジミチョウ科	13	49
マダラチョウ科	9	19
タテハチョウ科	24	100
ジャノメチョウ科	9	52
ワモンチョウ科	1	1
計	80	362

集されていない。一方，ガド山地区で多く採集された種（8個体以上採れた種）11種（種名不明の黒いセセリチョウ，ネフェルスアゲハ，ヘカベキチョウ（口絵写真91），ブランダキチョウ（口絵写真90），サリキチョウ（口絵写真95），プラルリウラナミシジミ，リュウキュウウラボシシジミ，イワサキタテハモドキ（口絵写真65），クロタテハモドキ（口絵写真66），タイワンキマダラ（口絵写真75），リュウキュウミスジ（口絵写真70），パンドクスウラジャノメ）のうちウル・ガド地区でまったく採れなかったものが5種，1個体しか採れなかったものが1種と，2地区の間で種構成が非常に違っていることがわかった（写真4-4）。

　まとめていうと，個体数を問題としなければ，この二つの地区での種相は大きく違っているといえる。ちなみに両地区のそれぞ

写真4-4 ガド山調査区のチョウ3種。
ⓐ リンケウスオオゴマダラ
ⓑ スソビキアゲハ
ⓒ ニベアイシガキチョウ

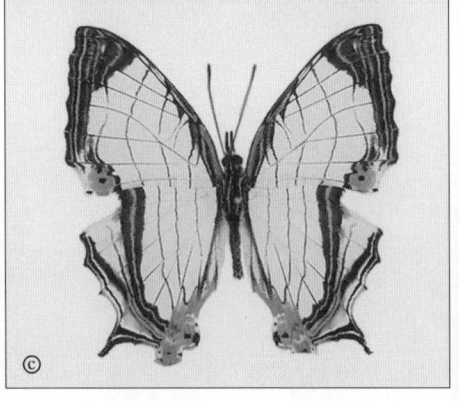

れの採集種数はウル・ガド地区83種，ガド山地区80種である．

　　両方の地区で採集された種　　　　39種
　　ウル・ガドだけで採集された種　　44種
　　ガド山だけで採集された種　　　　41種

　ガド山では，この調査地域よりも上の海抜1000mを越える山地帯に入ると，真に熱帯らしいキシタアゲハ類やマダラチョウ類の大きな，あるいは色鮮やかなチョウが活動している．同時にチョウの採集が非常に難しくなる．原生林に入ると樹高が高くなり，所によっては50m以上で，かなり長い継ぎ竿を使っても下枝にも届かない．また樹木や竹が密生して網が使いにくくなるために，チョウが見えても採集できないことがある．コレクターとして特定のチョウを狙う場合には，器具に工夫をこらして狙ったチョウを採ることも可能だろうが，普通のチョウを主にして量的な比較ができるような採集をする場合には，このような場所では実際にはデータとなるような採集はできない．この事情はリマウ・マニスの大学実習林でも同様であって，実習林では密生した竹や樹枝の間にいるチョウを目の前にしながら採集できないことが多かった．調査地域を選ぶ際に，こうした条件があってどうしても真の原生林あるいはそれに近い条件の場所を選定できなかった．このウル・ガド調査区は山畑・自然林のチョウ相をある程度は示しているが，まだ人間の影響がかなり入った場所のチョウ相である．

　現在，熱帯雨林の樹冠層の研究が，さまざまな装置や施設，例えば調査塔や空中回廊を使って進められている．私たちが熱帯の研究を始めた1960年代に比べて非常な進歩であるが，これでも調査地域内で自由に移動できないために，活動性の高いチョウなどの研究には十分ではない．今後いろいろな方向からのアプローチを考えなければならないだろう．

4-4　熱帯の里山 ── シピサン調査区

　ガド山の調査区は森林と山畑だけの，人がほとんど生活してい

ない地域だが，シピサン村の調査区は典型的なミナンカバウの山村である（写真4-5）。バリサン山脈の山すその低い丘に囲まれた小さな盆地にある人口200人余りの小さな村落と，それを取り巻くキッチン・ガーデン，水田，川原，畑と里山の，このあたりにどこにでもあるような山村である（写真4-6）。ここは，1994年以来のわれわれのスマトラ研究計画の総合調査のフィールドとなってきた。

パダンから高原の町ブキティンギに向かう2車線の道路は，ル

写真4-5 シピサン村の入口の道標

写真4-6 村の中の道。両側に間をおいて平屋の家が並ぶ

4-4 熱帯の里山——シピサン調査区

ブック・アルンとシチンチンという二つの小さな町を通って，カユ・タナム郡の中心となるカユ・タナムの町に入る。街道の両側には四角い前庭のある平屋か2階建ての家が数十軒並んでいる町の中央に広場があって，高さ20m余りの大きく枝を広げたヨウジュの樹が3本，この町の目印になっていた。ただしこの樹は1997年に突風で倒れたために今はない。

本道はカユ・タナムの町外れから上り坂となり，観光地として知られているアナイの滝のそばを通って，急な屈曲をしながら海抜800mの高原地帯に登っていく。シピサンの村は，カユ・タナムの町から本道をそれて田舎道を約4kmほど入った，平地から高原にかかる丘陵地帯の小さな盆地にあった。

カユ・タナムの町の家並のほぼ真ん中に，小さな店の間に車1台がやっと通れるくらいのごく狭い道が南に入っている。シピサン村へいく道である。この曲がり角にはいつも数台のバイクが止まっていて，それぞれのバイクにもたれた青年が客待ちをしている。バスの停留所のあるカユ・タナムから，バスの通っていない田舎の村へいく村人たちのための，タクシー代わりの交通機関である。

シピサンの村へはこの国道から外れて，幅4mくらいの石ころ道を通っていく。広々とした水田や畑のなかに小さな村々が点在する。村外れの道端には，横に四角い池をもった村のモスクが，ここがイスラムの国であることを思い出させる。北から西にかけて連なる山々のなかに，見事な富士山型の火山シンガラン（2877m）と，少し低いタンディカットがひときわ高くそびえている。この二つの山は見る位置によっては重なって，一つの山のように見える。

川幅約40mのアナイ川に架かった橋を渡り，村の入口を示す道標のある小さな峠を越えるとシピサンの盆地に入る。シピサンの村は三つの集落からなっているが，私の調査はいつも一番北の集落とその周囲に広がる里山で行われた。村を貫く道の両側，庭

写真 4-7 村の中を流れる小川。水浴や洗濯など村人の生活を支える。飲み水は別に井戸がある。正面右手には半ば雲に隠れたシンガラン山が見える

や道端にヤシやパパイヤの木の茂る30戸ほどの家々の背後にはゴム林があり，私にはわからないさまざまな樹木が茂るいわゆる雑木林に入っていく細道がある。この雑木林の梢を伝わって，カニクイザルの小さな群れが，よく村のなかまで入ってきた。梢の揺れる音で気がつくと，サルたちは3〜4m上の枝から私を見下ろしていた。地面に下りてくることはほとんどなかった。村人たちはサルには無関心に日々の暮らしを営んでいた。村の端には1棟だけの小さな小学校があって，子供たちが十数人，広い運動場で遊んでいた。

　丘の中腹にある村の下には，広い川原のなかに流れ幅10mくらいの野川がゆっくりと流れている（写真4-7）。川原の草は放し飼いの水牛や山羊のために短く食い切られ，芝生のようになった草原の所々に棘のある灌木の茂みだけが残る。川底も，水牛が歩き回るために平たくならされている。ここの水牛には気の荒いものがいて，何もしないのに突然に怒り出すことがあるので注意がいる。川を渡って畦道を通り，ドリアンやパパイヤの畑となっている丘のすそを回っていくと，細い谷間には水田がどこまでも続

く。思いがけない所でまた谷間が開けて家が2〜3軒かたまっていたりする。道は時々丘陵の狭い部分を切り開いた，水路と共通の深い切通しを通って次の谷間に続いている。半ばトンネルのような暗い切通しを抜けて水田の広がる明るい谷間の村に出ると，日本の昔話に出てくる隠れ里とはこんなものだろうと思ったりする。私はシピサンを訪れるたびに，日本の昔の長閑（のどか）な村に帰ったような気がした。

このミナンカバウの村の原型のような静かな山里で，私はチョウ相の調査を通じて「熱帯の里山」の自然と動植物と村人たちの1年を眺めた。

4-5　シピサン村のたたずまいとチョウ

シピサン村は私の普段の仕事場から遠いので，調査にいくことができたのは2ヵ月に一度くらいだった。ここは私たちと共同で研究をしているアンダラス大学のシティさんたちのチョウの調査地でもあった。シティさんとその共同研究者や学生たちは毎月一度は4〜5人でこの地区の調査をしていた。私もそれに同行して，彼らと一緒に採集したり生態を記録して，いろいろとアドバイスするとともに，その採集結果を見て私の調査と照らし合わせた。私の採集地区は，シティさんたちの採集場所と半分は重なっていたが半分は違っていた。そのためか私一人の採集個体のなかには，調査労力や調査密度がはるかに高いシティさんたちの採っていない種が入っている。ここで述べる記述は私自身の集めた標本と観察記録に限り，シティさんたちの調査は，報告された論文に述べられた記録を，私の記録と比較して述べることとした。この地域のチョウ相とその状況については，シティさんたちの資料と私の記録とを見比べることによってかなりよくわかってきた。

ここは私の同僚であった小林さんの野鳥の調査地域でもあった。小林さんは彼の小型のジープにアンダラス大学やジャワのバンドンにあるパジャジャラン大学の共同研究者と大学院生を乗せ

て，毎月ここに通って川原の灌木に巣を作る鳥の繁殖生態を調べたり，林の中にカスミ網を張ってかかる鳥の種を記録したりしていた。私はムスの運転するライトバンで私一人で，あるいはアンダラス大学のシティさんの学生たちと一緒にここにきて調査をした。小林さんたちと私たちは時々，互いの調査フィールドで出会って，開けた川原などで一休みして雑談をした。

　日本から1月ほどの予定でパダンを訪れる植物相や森林生態の研究者たちも，この村のいろいろな場所で調査をした。村人たちも，アンダラス大学の研究者や私たち日本からきた研究者をごく素直に受け入れてくれた。言葉はあまりよく通じなくても，互いの表情や仕種で言いたいことはわかった。違った文化と社会のなかで暮らして絶えずどこか緊張している私は，ここでは一人でも安心して行動することができた。仕事が終わると，村の小さな茶店でドリアンジュースや地元のコーヒーを飲んで一休みした。コーヒーの樹は村の家々の庭にたくさん植えられていた。

　小林さんは，とある谷間の奥の，鳥のよく見られる林のそばに調査用の小屋を建てた。4m×3mくらいの高床式の小さな小屋だった。村の人たちは主に水田と山畑の農業で暮らしている。大工さんのような職業はハッキリとは分かれていない。村のなかでこうした仕事が得意な人が，自然に人から頼まれることが多くて，先輩などに教わって家や道具を作る技術を身につけていくらしい。小林さんはそんな村人2～3人に頼んで小屋を建てた。

　この土地の慣習に従って，小屋を作る場所で，まず村で買ったニワトリを殺して森の神様を祭り，小屋作りを始めた。谷奥の湿地の，やや高くて乾燥した場所の草を刈り，土地をならして生木の杭を打ち込み，床を張り，板壁と屋根を付け，屋根の一方を長く張り出してテラスを作り，小屋は完成した（写真4-8）。土地は近くの農家から借り，木は村の共有林から伐り出して，森の中で板にしてから運び出した。カンナを使わないで鋸（のこぎり）と鉈（なた）だけで丸太から板を切り出す手際はなかなかのものだった。小さな小屋は

写真 4-8 シピサン村の里山の谷間。小林さんの調査小屋

3日ほどで完成した。小屋は，森の中から流れ出てくる幅2m足らずの小川に面していた。水は無色で澄んでいて，深い熱帯雨林から出る水のように薄い茶色に着色してはいなかった。

　この小屋に泊まってみると，熱帯の自然のそれまで知らなかった一面がよくわかった。周りはこの谷底から比高が50mくらいの丘である。谷の奥は村人がいつも出入りしている二次林の里山であり，大木や蔓(つる)植物が密生した原生林とは違っているが，やはり熱帯森林の一つのタイプである。この森ではサルはあまり見かけないが，小型のリスがおり，この小川を少し遡った所でカワウソらしい動物を見たこともある。

4-6　山小屋の一夜

　私は，ここで泊まった1997年3月のある夜のことをハッキリと覚えている。いつものように14〜15時頃から降る激しい雨が1時間ほどで終わってから，空はしだいに晴れ上がり，17時頃には谷底は日陰になった。18時頃になると青空の色を残したまま暮れていく空に，ゆっくりとオオコウモリが飛び出す。澄んだ空

を背景にくっきりと絵に描いたようなコウモリの形を見せて，ほとんど翼を動かさずに滑空するオオコウモリは，谷間の空に2～3個体が少しずつ間をおいて一定のコースを回っている．

　熱帯の夕暮れは急速に進む．半時間ほどですっかり暮れた空に星が瞬き始める．小屋の前のテラスで小林君と小さなキャンプ用のコンロでご飯を炊き，スープを作って食事を終える頃には，あたりは真っ暗になり，柱にかけた石油ランプの光だけがテラスの周りを照らし出す．灯火に寄ってくる虫はあまり多くはない．小さいホタルが飛び，カエルが鳴いているが，虫の声はあまり聞かれない．このあたりは危険なトラはいないらしく，また大きな野獣の噂も聞かないが，毒蛇にだけは注意する必要がある．小屋の扉と小さな窓をしっかりと閉めて寝袋に入って寝る．

　深夜の2時頃に目が覚めて，前夜半に比べて虫の声が多いのに驚いた．キリギリスかバッタの仲間らしい鳴き声に混じって，セミの声がする．カエルの声もしている．

　二度目に目が覚めると5時頃，あたりはまだ真っ暗だが，明け方の様子を見ようと思って服を着て外へ出る．私は空を見上げて息をのんだ．闇に慣れた目に映るのは満天の星である．日本の町で見慣れた空に比べて十数倍はあると思われる無数の星が空を埋めている．谷間の空を斜めに，銀河がハッキリと白い帯のように横たわっている．大小無数の星の間にゆっくりと動いている星は人工衛星らしい．虫の声はまだ盛んである．多雨熱帯地域の空は湿気でかすむ日が多く，これだけよく晴れた空を見る機会は案外少ない．このままた寝てしまうのが惜しくて，私は小屋を建てた残りの木片で作った重い腰かけを持ち出して，少し離れた湿地のそばで空を見上げながら夜明けを待った．

　日暮れと同じように，赤道直下では夜明けは急速にくる．5時半頃には周りの丘の林の上縁がうっすらと影絵のように浮き上がってくる．どこか明るんできた空には星の数がいつしか少なくなって，銀河も心なしか薄くなってくる．

5時40分すぎ，まだ暗い谷間の遠くでニワトリの鳴き声がした。それに続いてイヌの声がする。ここから数百m離れた谷の出口にある農家のニワトリやイヌらしい。まだ薄墨色の空には明るい星が幾つか強い光を放っているが，銀河はもう消えている。その空に浮かび上がった梢（こずえ）の上に小型のコウモリが飛ぶのがシルエットのように見える。夕べのオオコウモリと違って忙しく羽ばたいて，電光状に飛んでいる。小さい甲虫などの虫が飛び，時々，やや大きなチョウのようなものが素早く梢の上をよぎる。

　6時の気温が16.2℃，前を流れる小川の水温が19℃。東の空に大きな星が一つだけ光っている。虫の鳴き声は相変わらず盛んだが，遠くの家で鳴き交わしたり遠吠えをしているイヌの声がよく聞こえる。6時10分頃から小鳥の声がし始める。空はなかなか青くは見えてこない。薄墨色のまましだいに明るくなって，あたりの森の木々の黒いシルエットが緑色になってくる。

　6時40分，森の中で遠くサルの声が聞こえてくる。丘の上の高い樹の梢に陽光が当たり始め，薄墨色だった空はようやく青くなってくる。気温は18.2℃。まだチョウの活動は見られないが，夜明け方にあれほど盛んだった虫の声は絶えて，谷間には静けさが訪れる。7時50分頃，森の木立を透かしてこの小屋のあたりにも日光が射してくると，林縁の草の上にジャノメチョウの活動が見られるようになる。私もこのあたりで熱帯の夜明けの観察を打ち切って小林君と朝食の支度にかかった。谷間の全体に日が当たって，タテハモドキ，シロウラナミシジミなどの各種のチョウの活動が盛んになるのは9時頃。この日は1日中よく晴れて，真昼の気温が27.8℃になった。

　私はこの数年前にシベリアの夏の夜明けを見たことがある。真夜中でもほの白く浮かび上がっている地平線が赤く染まり始めてから4時間余り，私はホテルの窓際にもたれて，少しずつ赤みを増していく天際を眺めていた。空が青くなり亜寒帯針葉樹林の上に赤い太陽の光が流れるまで，私は無限のように感じられる長い

時間をすごした。同じ地球の上で眺めるあのシベリアと，このスマトラの夜明けと日没の違いをこの身で体験するとき，私は言葉に表せない自然の厳粛さを感じた。

4-7　里山のチョウ

　シピサン村の集落と周りの里山の調査で私が採集したチョウを表4-2にまとめて示した。この表でもわかるように，私はここで8科74種202個体のチョウを採集した。その種相を見ると，シピサン地区のチョウの種構成は，ガド山地区とウル・ガド地区の中間のような傾向を見せている。またシティさんたちの報告では，この地区で1995年9月から1997年2月までの間，月2回の採集を繰り返して9科171種2618個体のチョウを記録している。この記録は種数から見ると，スマトラのみならずインドネシア全域のチョウ相の記録のなかでも特に多い。シティさんたちの調査は私のものに比べてはるかに高い調査密度（人数で約6倍，調査頻度で約4倍）で行ったものであり，重要な参考資料となるが，この調査でもいくらかの欠落はあるらしく，私の調査ではシティさんたちの報告に出てこない種を少なくとも3種採集している。

　シピサン村の山畑や，村人たちが利用する材木や草を採りに出入りする森の林縁は，シロチョウ類やタテハチョウ，シジミチョウなどの多彩なチョウの活動する場だった。ここで私は翅全体が美しい紅色のネロトガリシロチョウや，水色のアサギシロチョウを初めて採集した（口絵写真12, 13）。最初はキチョウとも思えない大きさと変わった翅の形に驚いたゴブリアストガリキチョウも，ここの畑と森の境目で時折見かけた。不思議な紫色の幻色を現すクラリッサビロードタテハなどの変わったタテハチョウや，前翅と後翅を貫く太い白帯が目立つサカハチシジミ，前翅に大きな柿色の斑紋を付けたアカオビセセリなど，ウル・ガドやガド山地区では見かけない小型のシジミチョウやセセリチョウが，丘のふもとの畑や草地の上や灌木の梢のあたりを飛び回っていた（写

4-7 里山のチョウ

表4-2 シピサン調査区のチョウのリスト

種名（学名）	和　名	♂	♀	計
Hesperidae	**セセリチョウ科**			
Potanthus omaha copia Evans	キマダラセセリ	4	1	5
Parnara apostata andra Evans	アポスタタイチモンジセセリ	2		2
P. bada	バダイチモンジセセリ			1
Pelopides agan agan (Moore)	アグナチャバネセセリ	1		1
Polytermis lubricans Herich-Schafer	キモンチャバネセセリ	1		1
P. sp.	チャバネセセリの1種		1	1
Tagiades japetus balana Fruhstorfer	シロシタセセリ	1		1
Udaspes folus Cramer	オオシロモンセセリ	1		1
Notocrypta paralysos varians (Plotz)	パラリッスクロセセリ	1		1
Ancistroides nigrita othonias (Hewitson)	ニグリタショウガセセリ	1		1
Koruthaialos sindu sindu (C.& R. Felder)	シンドウアカオビセセリ	1		1
Psolos fuligo fuligo (Mabille)	ハネナガダモノセセリ	3		3
				19
Papilionidae	**アゲハチョウ科**			
Princeps demoleus malayanus Wallace	オナシアゲハ		1	1
Papilio nephelus albolineatus Forbs	タイワンモンキアゲハ	2	1	3
P. memnon anceus Cramer	ナガサキアゲハ	1	1	2
P. demolion demolion Cramer	オビモンアゲハ	1		1
P. polytes theseus Cramer	シロオビアゲハ	2	1	3
Pachliopta aristolochiae antiphus Fabricius	ベニモンアゲハ	2		2
Graphium sarpedon L.	アオスジアゲハ	1		1
G. agamemunon L.	コモンタイマイ		1	1
				14
Pieridae	**シロチョウ科**			
Eurema blanda snelleni Fruhstorfer	ブランダキチョウ（タイワンキチョウ）	18	5	23
E. hecabe hecabe (L.)	キチョウ	6	3	9
E. sari sodalis Moore	サリキチョウ	6	2	8
Dercas gobrias Hewitson	ゴブリアストガリキチョウ	1		1
Catopsilia pomona pomona Fab.	ウスキシロチョウ		4	4
C. pyranthe pyranthe L.	ウラナミシロチョウ	5	3	8
Appias lyncida Cramer	リンキダトガリシロチョウ（タイワンシロチョウ）	2	1	3
A. olferna olferna Swinhoe	オルフェルナトガリシロチョウ	2	1	3
A. nero figulina Butler	ネロトガリシロチョウ	2		2
Pareronia varleria lutescens Butler	アサギシロチョウ	2		2
				63
Lycaenidae	**シジミチョウ科**			
Jamides celeno aelians (Fab.)	コシロウラナミシジミ	3	2	5
J. pura	プラルリウラナミシジミ			2
Ionolyce helicon meguiana (Moore)	トガリバウラナミシジミ			1

表4-2 （続き）

種名（学名）	和名	採集個体数 ♂	♀	計
Prosotes nora superdata (Fruhstorfer)	ヒメウラナミシジミ			10
P. dubiosa	ドゥビオサヒメウラナミシジミ		1	1
Rapala manea ingana Fruhstorfer	マネアトラフシジミ	1		1
Deudorix sp.	ヒイロシジミの1種		1	1
Caleta elna elvira (Fruhstorfer)	エルナシロサカハチシジミ			4
Discolampa ethion icenus (Fruhstorfer)	ムラサキサカハチシジミ			2
Acytolepis puspa mygdonia Fruhstorfer	ヤクシマルリシジミ	1		1
Arhopala sp.	ムラサキシジミの1種		1	1
Allotinus horsfieldi permagnus Fruhstorfer	ホルスフィールドエビアシシジミ		1	1
Curetis felderi Distant	フェルダーウラギンシジミ	1		1
				31
Danaidae	**マダラチョウ科**			
Euploea leucostrictus vestigiata Butler	マルバネルリマダラ		1	1
E. diocletianus Fab.	ディオクレティアヌスルリマダラ	1		1
Ideopsis vulgaris macrina Fruhstorfer	ブルガリスヒメゴマダラ	3	1	4
Idea stolli logani Moore	ストリィオオゴマダラ	1		1
Anosi genutica sumatorana Moore	スジグロカバマダラ	2	1	3
				10
Nymphidae	**タテハチョウ科**			
Junonia hedonia ida Cramer	イワサキタテハモドキ	4		4
J. almana almana (L.)	タテハモドキ		1	1
J. atlites atlites (L.)	ハイイロタテハモドキ	6	3	9
J. iphita tosca Fruhstorfer	クロタテハモドキ（イピタタテハモドキ）	1	2	3
Cupha erymanthis erymanthis Drury	タイワンキマダラ	2	6	8
Euthalia monina viridibasis Fruhstorfer	モニナイナズマ	2		2
Tanaecia pelea vikrama C.& R. Felder	ペレアコイナズマ	1		1
Eulaceura osteria nicomedia Fruhstorfer	イチモンジコムラサキ		1	1
Cethosia hypsea aeole Moore	ヒプセアハレギチョウ	1		1
Cirrochroa orissa orissa C.& R. Felder	オリッサミナミヒョウモン	1		1
Terinos clarissa dinnaga Frustorfer	クラリッサビロードタテハ		1	1
Neptis hylas papaja Moore	リュウキュウミスジ	4	1	5
Pantoporia paraka paraka Butler	パラカキンミスジ	1	1	2
Athyma perius hierasus Fruhstorfer	ミナミイチモンジ		1	1
A. asura idita Moore	アスラミナミイチモンジ		1	1
Moduza procris minoe Fruhstorfer	チャイロイチモンジ		1	1
Cyrestis nivea nivalis C.& R. Felder	ニベアイシガキチョウ	1		1
				38
Satyridae	**ジャノメチョウ科**			
Yethima pandocus corticaria Butler	パンドクスウラジャノメ	2		2
Y. philomela L.	ピロメラウラナミジャノメ	2	1	3
Y. sp.	ウラナミジャノメの1種	1	1	2

4-7 里山のチョウ

表4-2 (続き)

種名(学名)	和 名	採集個体数 ♂	♀	計
Mycalesis horstfieldi hermana Fruhstorfer	ホルスフィエルディコジャノメ	3	3	6
M. orseis orseis Hewitson	オルセイスコジャノメ	2	1	3
Melantis leda L.	ウスイロコノマチョウ	1	1	2
Ragadia makuda minoa Horsfield	マクタシマジャノメ	3	1	4
				52
Amathusiidae	**ワモンチョウ科**			
Faunis canens Hubner	カネンスヒメワモン	1		1
Xanthotania busiris sadija Fruhstorfer	キオビワモン	3	1	4
				5

科別種数および個体数

科 名	種数	個体数
セセリチョウ科	12	19
アゲハチョウ科	8	14
シロチョウ科科	10	63
シジミチョウ科	13	31
マダラチョウ科	5	10
タテハチョウ科	17	38
ジャノメチョウ科	7	22
ワモンチョウ科	2	5
計	74	202

真4-9)。

　シピサン調査区と他の二つの調査区のチョウ相，特に種の共通性について，まず種数を比べてみると次のようになる。

　　　ウル・ガド調査区，ガド山調査区と共通の種　　　25種
　　　ウル・ガド調査区とだけ共通の種　　　　　　　　12種
　　　ガド山調査区とだけ共通の種　　　　　　　　　　12種
　　　シピサン調査区だけで採集された種　　　　　　　25種

　これで見ると，シピサン地区はミナンカバウの昔ながらの姿をとどめた農山村であるが，チョウの種相は豊かなことがうかがわれる。ここは私の平生の研究場所から離れていて，調査頻度は低く採集個体数も少なかったが，その割に種数は多かった。1種あたり1個体という採集例が多いことは，この地区のチョウ相が多

写真4-9　シピサン調査区のチョウ3種。
ⓐ クラリッサビロードタテハ
ⓑ スジグロカバマダラ
ⓒ エルナシロサカハチシジミ

様性に富んでいることを暗示している。私の調査と平行して共同しながら行われてきたアンダラス大学のシティさんたちの調査でも，ここがこれまでのインドネシア各地で行われた調査結果に比べても最も豊かなチョウ相をもっていることを明らかにした。

　自然環境の保全に関する論議のなかで，しばしばまったく人手の入らない原生の自然で野生生物の種数が最も多く，生物多様性が高いといわれていた。近頃になって，人間が村の周囲の自然の山野を利用しながら長い年月にわたって共存してきた場所，日本の農山村では普通には里山・里地という名前でよばれてきた所の生物多様性が高く，安定して村人の生活環境を守ってきたということが，あらためて注目されるようになってきた。またアメリカのエコロジー運動のなかで，アメリカ原住民の自然と溶け合った信仰と生活が注目されている。野生の自然と村人の生活との共存によって自然の多様性が保たれていた所は，決して日本やアメリカだけではない。このスマトラの山村でも，つい最近まで村人は周囲の自然の豊かな生物多様性を保ちながら共存してきた。シピサンの村と里山のチョウ相の研究によって，私はこの多雨熱帯アジアの一つの山村でも同じことが明らかになってきたと考えている。

付録　シピサン村へ通う街道で見たもの

　私がシピサン村へいくためにパダンから通った道は，カユ・タナムから横道に入るまでは，片道2車線ほどの舗装道路だった。スマトラ縦貫道路とパダンの町をつなぐ幹線道路であり，いつでも長距離バスや大型トラックが時速80km以上の高速で往来していた。晴れた日には，正面にシンガラン山の美しい山容が見えた。パダンの町のある海岸平地から丘陵地帯にかかると水田地帯のなかには養魚池が散在していて，街道沿いにある大きな養魚池のそばには魚料理のレストランが幾つもあった。私は一仕事すませた後でこの魚料理で昼食をするのが楽しみだった。池の上に張り出

したテラスで運転手のムスと一緒に大きなティラピアの丸揚げを手でほぐしてご飯に載せて食べていると，数時間の調査の疲れが消えるような気がした。この魚料理屋には店によって味付けにいくらかずつの違いがあって，私はそのうちの2軒をひいきにしていた。食事がすむと後片づけにきた店の人は皿の上の残り物をすぐ横の池に投げ込んで，集まってきた魚に与えた。この魚はまたすくい上げて料理して次の客に出すのだろう。実に短い食物連鎖だと，私はいつも感心して眺めていた。

　沿線の町や村の姿は日本のようなはっきりした四季の移り変わりは見られなかったが，農作業やイスラム暦による行事などで，少しずつ変わっていった。インドネシアの国の祭日や地域の祭りには，町の広場にも人出が多くて賑わった。もう少し言葉が自由であれば，人々の暮らしのいろいろな面がもっとよくわかって面白いだろうと，いつも残念に思っていた。

　町の祭りの日には学校の運動場に地域の人たちが集まって，運動会のような催しをしていた。この地方の特色ある遊びは「ピナンピナンの木」という競技だった（図4-2）。広場に集まった大勢の人々の真ん中に電柱くらいの丸い木柱を立てて，その頂上の籠に入れた賞品を若い男が取ってくる競技である。樹皮をはいだ滑らかな柱の表面にはたっぷりとヤシ油が塗ってある。パンツ一枚の青年がこの手がかりのないツルツルの柱にしがみついてよじ登ろうとするが，油で滑って容易に登れない。観衆の歓声と笑いのなかで，青年たちはかわるがわる滑り落ちてはまたよじ登る。この賑やかな騒ぎを，私は車を降りて道から眺めて楽しんだ。こうした状景の写真を撮りたいといつも思いながら，この祭りのなかに何か私の知らない神聖な意味があるかもしれないと思って，私はこうした祭りの写真を撮るのは控えた。観光客と違って，村や町の人々のなかで生活している私には，村や町の人々の心情のこもった営みの一つ一つを大切にしなくてはならないという心構えが必要だと思っていた。そう思っていると私はどうしても村の

付録　シピサン村へ通う街道で見たもの　　　　　　　　　　　　　　　　93

図 4-2　村の祭りの日の遊び「ピナン・ピナンの木」。私の記憶による下絵と説明をもとにして描いたもので，人数，動作，服装などの細かい部分は正確でない部分があると思われる（丹羽節子氏作画）

人々の楽しげな生活のなかに，無神経にカメラを向けることができなかった。

　ある日シピサン村の帰り，ルブック・アルンの町のなかを車で通りかかると，私は異様な人を見た。顔に黒い隈取りをして，裸の全身を枯れ葉の付いた樹枝で包んだ2人の男である。2人はバス停車所と市場の人混みのなかを踊るような足取りで動き回っている。動くたびにたくさんの枯れ葉がガサガサと音を立てる。群集はこの2人を少し離れて取り巻いて何かいっている。私は反射的に日本の東北から北陸に伝わっている鬼の行事を思い出した。能登の「なまはげ」のように全身をワラで包み，家々を回って怠

け者を懲らしめるという行事の鬼の姿と，この2人の姿が実によく似ていた。雪に閉ざされた北陸の冬の行事と，この熱帯の町の異形の人の姿が私の頭のなかで重なった。私は運転手のムスにあれは何かと尋ねた。ムスは黙って首を振って車を進めた。敬虔なイスラム教徒のムスは，いつもこのような民俗信仰の行事らしいものに目をそむける傾向がある。私は後で調査チームのメンバーやアンダラス大学の人たちにこの話をしてみたが，このような身なりをする行事を知っているという人はなかった。かなり稀な行事ではないかと思われる。このときも私は写真を撮ることはできなかったが，あれは何だったのだろうという疑問は今もそのまま残っている。

5

スマトラのチョウ
──その生活と行動

5-1 熱帯のチョウの姿

　私が西スマトラで観察し採集することができた100種余りのチョウの生き方には，それぞれの特徴があった。チョウは科によって，あるいは種によって，棲み場所や飛び方などさまざまな生態・行動をもっている。それぞれの個性をもったチョウたちが集まって，その地域のチョウ群集を形作っている。彼らの生き方を，主にウル・ガドの研究室の庭における観察を中心にして，科ごとにまとめてみたい。

　チョウを観察したり採集する人は，チョウの種によって決まった活動場所や，特徴ある行動を自然に覚える。モンシロチョウは明るく開けた草原を飛んでいるのに，スジグロチョウは薄暗い木立の下草の上にいる。ヒカゲチョウは名のとおりに森の下の日の当たらない場所に多く，ヒョウモンチョウは日当たりのよい草地にいる。クロアゲハやカラスアゲハは森の中にいつも通る道をもっている。ルリタテハやヒオドシチョウは同じ所に止まっていて，飛び立ってひと回りしてはまたそこへ戻ってくる。アサギマダラはゆっくりとあまり羽ばたかずに飛ぶのに，タテハチョウの多くはせわしく羽ばたいて真っすぐに飛んだり，また翅を水平に開いて滑空する。

私は日本での観察経験を頭において，観察した熱帯のチョウの行動を個体ごとに記録した。特にどんな所を飛んだり，止まったりしているかを組織的に観察し記録した。ここではまず，ウル・ガドの研究室の庭のどこで採集したかを記録したデータを整理する。それはそのチョウの活動していた場所を示している。

私は研究室の庭に見られる主な環境を五つに分けて，どの場所で採集されたかを，以下の①〜⑤のように，各個体の標本ごとにラベルに記入した。

① 開けて明るいチガヤ草原。草丈は普通は1m以下　　　　（草原）
② 数本集まったり，並木状に並んだ高さ2m前後の灌木の梢（こずえ）　（灌木）
③ 4〜5m以上の高い木立の下草。草丈10〜20cm前後　　　（林床）
④ ③の木立の下枝の間。高さ1〜2mのあたり　　　　　　　（林間）
⑤ 研究室の外壁や室内　　　　　　　　　　　　　　　　　（建物）

あまり細かく分けるとその境目の判定が難しく，記録が複雑になりすぎて問題点がぼやけてくるので，大きくこの五つに分けた。その大体の場所はウル・ガド調査区の断面を模式的に描いた図5-1に①から⑤で示した。

この記録は1996年の8月，調査場所の状況をほぼ把握してチョウの調査が軌道に乗ってから始めたので，赴任直後の6，7月の初期の採集個体では記録していない。そのため活動場所の記録例数と採集個体数は必ずしも一致しない。

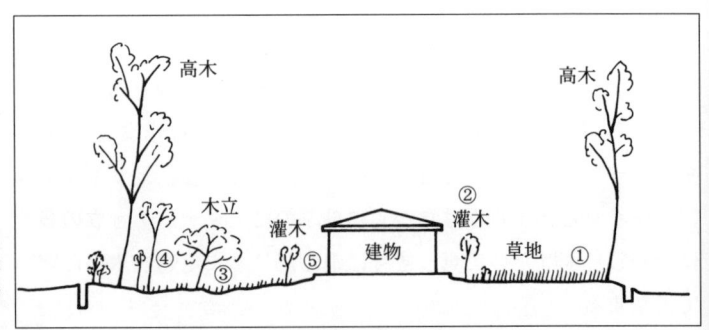

図 5-1 側面から見たウル・ガド調査区の概念図とチョウの活動場所

ここでウル・ガド調査区で見た各種のチョウの活動を、科ごとにまとめて述べる。この観察をするとき、私はいつも日本のチョウとの比較を頭においてきた。その比較のもとになる日本のチョウの生態・行動については必要に応じて触れるが、これは日本のチョウの本ではないので、できるだけ簡単に触れるにとどめる。

5-2　若い緑を求めて ── シロチョウ

「蝶々，蝶々，菜の花に止まれ」の童謡にも歌われている、春の野原のモンシロチョウに代表されるシロチョウ科は、日本人にとって特に親しいチョウといえるだろう。

　私は菜の花畑をヒラヒラと飛ぶモンシロチョウのように、シロチョウといえば草地を低くゆっくりと飛ぶチョウだという印象をもっていた。熱帯アジアでも森林内のハチを追っている間は、チョウに注意しなかったので、その印象は変わらなかった。しかし今回、森林を出て野原や荒れ地の灌木・草原地帯を主な研究場所とするようになって、灌木の梢（こずえ）を力強く羽ばたいて速く飛ぶ大きなウスキシロチョウの類を見て、こんなシロチョウもいるのかとあらためて感じた。ウスキシロチョウ、ウラナミシロチョウ、キシタウスキチョウという3種の大きなシロチョウは熱帯・亜熱帯アジアに広く生息し、分布は沖縄にまで及んでいることは知っていたが、研究室の窓からいつもこの大きな白いチョウが飛ぶのを見ていると、自分は今熱帯にいるという思いが新たになるのだった。この3種のシロチョウは色彩も行動もよく似ていて、裏面が鮮やかな黄色をしているキシタウスキチョウ以外は、野外で識別が難しかった。

　ある程度ここの自然に慣れてくると、熱帯アジアのたくさんのシロチョウのなかには、日本のモンシロチョウと同じような大きさで草むらの上を低く飛ぶトガリシロチョウ類や、日本のキチョウと同じ種を含んでいて生態もよく似ているキチョウ類もかなり多いことがわかってきた。さらにこのキチョウ類が日本よりもは

るかに種数が多く，種によって違った分布や行動を示すことに興味をもった。日本では見られないカザリシロチョウ類のアカネシロチョウやベニモンシロチョウが数個体，ある日突然現れて薄暗い木陰をゆっくりと飛ぶ特異な生態には驚きの目をみはった。

私はウル・ガドの主調査地で14種の，パダン周辺の3調査地を合わせると20種のシロチョウを採集した。それは生態的に四つのグループに分けることができた。この各グループの各種は分類的にも同じ属かまたはかなり近い群に入るが，同時に行動習性でも共通性が高い。

5-2-1　キチョウ群

スマトラからは13種のキチョウが記録されている。ちなみに日本全土で3種(たまに飛来する種を入れると4種)である。私の3調査地では9種が見つかった。1種は熱帯雨林の林床にいる小さくて薄い黄一色のムモンキチョウ *Gandaca harina* Horsfieldであり，1種は里山の林縁にいる大きく外縁が尖がった異様な翅をもつゴブリアストガリキチョウ *Dercas gobrias* Hewitsonである。他の7種は日本のキチョウと同じ *Eurema* 属であった。このキチョウ類の生態は特に興味をもって調べたので別の章にまとめて述べる。

5-2-2　トガリシロチョウ群

調査が始まってしばらく経ったある日，研究室の裏庭で，チガヤの草原の上をゆっくりと飛んでいる白いチョウを見た。その大きさといい，飛び方といい，日本のモンシロチョウやスジグロチョウとよく似ていた。ただ，詳しく見るとモンシロチョウよりも少し黒っぽく，飛び方も直線的で速いようだった。採集してみるとスジグロチョウに似ていたが，前翅のさきが尖がっているのが目についた。これが私がトガリシロチョウを手にした最初のことである。このチョウはそれからたびたび採れるようになったオルフェルナトガリシロチョウである(口絵写真14)。

5-2 若い緑を求めて ―― シロチョウ

写真 5-1 最もよく見られるトガリシロチョウ。オルフェルナトガリシロチョウ

　ウル・ガドの庭では，その後，数は少ないがリンキダトガリシロチョウ（口絵写真15）やカルデナトガリシロチョウ（口絵写真4）などの別種のトガリシロチョウも採れた。この白いトガリシロチョウ類は雄雌で翅の形や色彩・斑紋が非常に違っていて，慣れないうちは雄と雌を別種かと思った（写真5-1）。

　シピサン地区などウル・ガド以外の調査区では，トガリシロチョウ類に属する，翅が全面紅色や青色の美しい種も見つかった。これらのトガリシロチョウ類は色彩・形・大きさなどから，日本でわれわれが知っているシロチョウ類によく似ているばかりでなく，草原や疎林の下草の上を主な活動場所としている点でも，日本のモンシロチョウやスジグロチョウと同じような生態をもっている。展翅してみると，表は白と茶色がかった黒い地味な模様だが，裏面は鮮やかな黄色や赤みがかった美しい色彩をしていて，いかにも熱帯のチョウらしい。

オルフェルナトガリシロチョウの採集場所	
草原	23
灌木	5
林床	8
林間	12
建物	―

5-2-3 カザリシロチョウ群

　ウル・ガドでの調査が軌道に乗った9月頃，私は研究室の裏の木立の下の地面に近い所を，それまでに見たことがなかった黒地に鮮やかな赤・黄・白の模様が混じった横長の翅の中型のチョウが，ゆっくりと飛んでいるのを見た。木陰のやや薄暗い所で，まばらな低い下草の上を弱々しく羽ばたいて飛び，すぐに草に止まる。あたりを見ると同じようなチョウが3, 4個体，飛んだり草に止まったりしている。空中に浮いて漂うような飛び方は，どこかマダラチョウのようで，同じ暗い木陰に多いジャノメチョウとはまったく異なっていた。ゆっくりと飛んで，すぐに草や下枝に止まるこのチョウは，採ろうと思えばいくらでも採れた。その色彩や飛び方といい，短い期間に集中して見られて，また，まったく見られなくなる発生状況といい，特異なこのチョウに私は強い印象を受けた。これが代表的な熱帯アジアのチョウの一つ，カザリシロチョウ群 *Delias* との最初の出会いだった。このときに見たのは，その1種のアカネシロチョウだった。それから2ヵ月ほどして，もう1種，白地に鮮やかな赤と黄色の模様のあるベニモンシロチョウを見た。ウル・ガドの庭ではこの2種のカザリシロチョウ (口絵写真17, 18, 19, 20) が，多雨期を中心にして集中的に発生した。

　他のシロチョウたちが主に草原や低い灌木上の明るい場所で活動しているのに，この2種はいつも樹の茂みの下の薄暗い所をゆっくりと飛んで，その行動から一見して他のシロチョウと見分けられた。次の表に示した採集場所を見ても，その行動の特異性がよくわかる (写真5-2)。

　ウル・ガドで見られるこの2種は似た行動をしていたが，いくらか違ったところもあった。アカネシロチョウはいつも薄暗い樹陰の低い部分にいるのに，ベニモンシロチョウは同じ樹林内部でもやや高い明るい場所に多く，時たま高い樹冠上を飛び回っていることもあった。火炎木の高い樹冠上の赤い花で吸蜜しているこ

	カザリシロチョウ群の採集場所	
	アカネシロチョウ	ベニモンシロチョウ
草原	−	−
灌木	1	−
林床	−	−
林間	24	22
建物	−	−

写真 5-2 疎林中で活動するベニモンシロチョウ

のチョウは，いかにも熱帯のチョウだという感じがした。私は見ていないが，このグループの幼虫は，集団生活をするといわれている。このチョウが時々まとまって発生するのも，幼虫の集団生活と関係があるのかもしれない。

5-2-4 ウスキシロチョウ群

シロチョウのなかでも目立って大きく，灌木の梢を素早く飛び回るこのウスキシロチョウ類は（口絵写真21, 22, 23, 24, 83, 84），熱帯アジアで最もよく見かけるチョウだろう。ジャカルタやメダンのような大都市の市街地の公園や庭園でもよく見かける（写真5-3）。この *Catopsilia* 属の3種は同じくらいの大きさで，灌木の

写真 5-3 明るい草地や灌木原で活発に飛ぶウスキシロチョウ

梢，地上2〜3mの所を直線的に早く飛ぶ行動も，どの種もよく似ている。ウスキシロチョウとウラナミシロチョウは白地に黒い模様があるだけで，飛んでいるのを見分けることは難しかった。キシタウスキチョウは少し小型で，前後翅とも裏面が鮮やかな橙色をしているので，離れた所からも見分けることができた。行動する場所は明るい開けた草原や灌木原であることが，次の採集場所の表からもわかる。

ウスキシロチョウ群の採集場所

	ウスキシロチョウ	ウラナミシロチョウ	キシタウスキチョウ
草原	27	41	41
灌木	39	10	35
林床	1	—	—
林間	7	1	—
建物	—	—	—

ウスキシロチョウとウラナミシロチョウは沖縄にもいるが，キシタウスキチョウは日本には分布しない。真の熱帯のチョウである。このキシタウスキチョウは3種のなかで最も敏捷で採集が難しかった。

1996年4月11日の正午頃，私はキシタウスキチョウの交尾を観察した。この種は雄の裏面が鮮やかな橙色なのに雌はやや薄く黄色みがかっているので，慣れると見分けやすい。いつもは高い梢の上を飛ぶのに，雄雌2個体が低いチガヤの草むらの中をもつれあうように飛んでいた。しばらく見ていると雌は草の葉に止まり，翅を屋根型に開いて静止した。雄はしばらくその雌の上，20〜30cmの空中を小さく羽ばたきながら丸く飛び回り，やがて雌のそばに下りて草葉に止まり，互いに後ろ向きになって尾端を近づけて交尾した。

キチョウ群のことは別にまとめるとして，シロチョウ科のこの3群を見ると，その活動場所が草地（トガリシロチョウ群），草地・灌木（ウスキシロチョウ群），森林内（カザリシロチョウ群）

と分かれている傾向がわかってくる。そうしてこの熱帯のシロチョウ類の全体としての特性のようなものがしだいに浮かび上がってきた。幼虫が森林内の寄生植物を食うという特異な生態のカザリシロチョウ群を別として，灌木原にしても草原にしてもシロチョウの生活の場の背景となっているのは明るい緑葉だった。シロチョウ類のほとんどは草か灌木の柔らかい葉を求め，それにたよって生きている。成虫の多くは花の蜜を吸い，草や灌木の若葉を探して産卵していた。本来の植生は森林で，原生植生としての草原が少ないこの多雨熱帯アジアでは，草本よりも灌木に頼ることが多いウスキシロチョウ類が最も繁栄しているようにみえる。この大きな白いチョウは熱帯アジアの村から大都市の公園まで，どこでも栄えている。

　明るい緑の世界を好むシロチョウ群のなかでは，薄暗い木陰を選ぶカザリシロチョウ類の特異な生態が目立つ。やや細長い翅形とゆっくりした飛び方など，どこかマダラチョウ科に似たその形と行動は，シロチョウのなかでも異質な感じが強い。

5-3　熱帯で進む種分化と繁栄 —— セセリチョウ

　セセリチョウというのは地味なチョウである。ほとんどの種が小さくて黒っぽいガのようなこの類はコレクターの人気もないし，標本にしてもあまり注目されない（口絵写真25～36）。

　私がスマトラでチョウの調査を始めた最初の印象は，セセリチョウの類が少ないことだった。ところが調査を始めて数ヵ月たつと，この第一印象が間違っていることがわかってきた。小さくて速く飛ぶセセリチョウの発見に熟練してくると，今度はセセリチョウの種と個体数の多さに驚くようになった。チガヤの草原の垂直の葉先に止まっているチャバネセセリの類，日当たりのよい灌木の梢に翅を半開きにして止まるキマダラセセリの類，どちらもちょっと驚かすと，アッという間に消えてしまって，どこへいったかわからない。熱帯のセセリチョウは，一般に日本の仲間に比

べて小型である。慣れてくると，いつもいる場所がわかってきて採集の効率が上がってきた。そうしてこのチャバネもキマダラも，それぞれたくさんの種があることが，数多くの標本を並べてみてしだいにわかるようになった。

　さらに意外なことが起こった。9月のある日，研究センターの白い外壁に止まっている大きな茶色のセセリチョウを見つけた。翅長がチャバネセセリの倍以上はある，けた外れに大きいセセリチョウだった。採集して標本にしてみて，私はこれがヤシの害虫として知られているヤシセセリであることを知った。数日の間に，私は続けて数個体のヤシセセリを採集したが，ほかのチョウのように樹木や草に止まっていることはほとんどなく，いつも建物の白い外壁に止まっていた。建物の壁に好んで止まる種はウスイロコノマやコウモリワモンなど数種あるが，2年間に50個体以上という多数の個体の採集場所が，ほとんど建物の壁というのはこのヤシセセリだけである。

　その採れ方にも特徴があった。2～3日の間に数個体が採れ，その後まったく採れない期間が続いて，また，かたまって採れる。研究センターの構内にはヤシの木はなかったから，どこかで羽化したものが集中飛来するのではないかと思った。ヤシセセリより一回り大きいバナナセセリも稀(まれ)に採集されたが，これも建物の外壁か室内で見つかった。ヤシセセリとバナナセセリは，いずれもこの地方で採れたセセリチョウのなかでは飛び抜けて大きいばかりでなく，褐色の地にオレンジ色の斑点をもつ似た翅をしている。同じような色彩と形のこの2種が，習性でも似ていることは何を意味するのだろうか。

　ウル・ガド調査区ではセセリチョウはタテハチョウと並んで，最も多数の種が採集されている。私は西スマトラで27種のセセリチョウを採集した。そのなかでウル・ガド調査区に出現する19種のセセリチョウは，サイズや習性からみて次のような幾つかのグループに分けることができる。

5-3-1 ヤシセセリ群

大型で翅も胴体も褐色，建物の壁に止まり室内にも入ってくる（口絵写真29）。建物の壁では日陰になった場所に止まり，頭部を上向けにしていることが多い。この群に属するのはほとんどヤシセセリで，わずかにバナナセセリが加わる。

ヤシセセリの採集場所			
草原	1	♂	29
灌木	1	♀	22
林床	1	計	51
林間	9		
建物	38		

5-3-2 チャバネセセリ群

セセリチョウとしては中型で，翅は褐色の地に白か薄い黄色の斑点がある（写真5-4；口絵写真25, 26, 27, 28）。胴体も褐色。多くはイネ科草原の葉上に止まり，また草むらの上を飛び回る。明るい開けた草原だけでなく，林内の木立の下草の葉先に止まっていることもある。この群は種が多く見分けにくいので同定に苦労した。わからないものはこの分類群の専門の千葉秀幸さんに同定していただいたが，標本数が多いので，まだ同定できないものが残っている。

写真 5-4 明るい草地や疎林の下草上など多様な環境にいるキモンチャバネセセリ

チャバネセセリ群の採集場所						
	マティアス チャバネセセリ	キモン チャバネセセリ	アポスタタ イチモンジセセリ	ヒメイチモンジ セセリ	キンナラ ユウレイセセリ
草原	8	10	48	46	6
灌木	—	2	9	18	1
林床	16	10	34	29	3
林間	—	2	5	6	1
建物	—	1	—	1	—
♂	18	24	93	59	12
♀	8	2	13	51	—

5-3-3 ネッタイアカセセリ

　1995年10月末，よく晴れた日の午後に，研究室の前のチガヤの草原で，葉先に止まっている赤いセセリチョウを見つけた。普通のキマダラセセリ群に比べてやや大きく，見つけやすかったが，その明るい赤色の翅が，まず目に飛び込んできた。一目で，これまでに採った種と違うセセリチョウであるとわかった。その後も，野外ですぐに種がわかる中・小型のセセリチョウは，この種だけである（写真5-5）。

　このチョウは中型で，翅は赤褐色の地に橙色の大きな模様がある（口絵写真30）。鮮やかな美しい色彩でよく目立つ。胴体は黄色〜褐色，イネ科草原の葉先に止まっていることが多い。ウル・ガド調査区で採れたアカセセリはこの種だけである。

ネッタイアカセセリの採集場所			
草原	10	♂	12
灌木	1	♀	1
林床	1		
林間	1		
建物	0		

写真 5-5　チガヤ草原で日をおいて1個体ずつ見つかるネッタイアカセセリ

5-3-4 キマダラセセリ群

　褐色の地に黄色の大きな斑紋のある翅をもつキマダラセセリ群は，ウル・ガドで最もよく目につくチョウの一つだった。この群のチョウはチャバネセセリより一回り小さい。ただしアカレオオキマダラセセリは例外的に大きい（口絵写真31, 32, 33, 34）。

　ウル・ガド地区で7種が採集できたこの群は，チャバネセセリ群とならんで種が多く，見分けにくいグループだった。しかし，観察と採集を重ねると，この群は種ごとに生態や行動に微妙な違いがあるように感じられた。特にハヤシキマダラセセリは，他の種に比べて日陰に多く，木立の下の灌木の梢などに止まっている。私はウル・ガドの庭で，いつもこの種の雄が止まっている梢を覚えた。木立の中で少し日が射すスポットで，私の目の高さよりやや低い葉の上に，翅を半開きにして止まっている雄は，目の前20〜30cmのあたりを飛びすぎる個体に，素早く飛びかかってもつれあっては，その個体が去るとまた元の葉に戻った。ときには前を飛ぶ別種のチョウや甲虫などにも飛びかかった。なわばり占有行動と思われたが，その意味や雌との関係はわからなかった（写真5-6）。

　ハヤシキマダラセセリは木立の中に多かったが，他のキマダラセセリは一般に明るい草原の草の葉の上でよく見られた。草原に多いキマダラセセリも，林内の種と同様に素早く飛翔したが，そのなかでいちばん小型のニセキマダラセセリだけは，飛び方がや

写真5-6　林内の光の当たるスポットの灌木の枝先にいるハヤシキマダラセセリ

や弱々しかった。さらに詳しく観察すれば，このたくさんいる種の間にある微妙な生態的関係がわかってくるのだろう。熱帯の生態系における種の多様性に関して，同じ場所に同時に生活しているこのキマダラセセリ群やチャバネセセリ群の種間関係が，多くのことを暗示しているように思われる。

　ここでまとめた4群のうち，チャバネセセリ，アカセセリ，キマダラセセリの各群はいずれも草原か林床の低い草や灌木の下枝の葉上で静止しており，そのうちの数種では近くにきたセセリチョウに飛びかかるなわばり行動あるいは待ち伏せ行動が観察された。採集された個体は雄が圧倒的に多いことからみると，採集者には，この待機中の雄がよく目につくらしい。さきにも述べたように採集記録を見るとキマダラセセリ群は草原や灌木帯の開けた所に多いのに，ハヤシキマダラセセリが木立の中に多いことが目立っている点など，色彩や大きさがよく似ており種も多いこれらのセセリチョウ群でも，種によって微妙な生態の違いがあることが推測できる。

　以上の4群はウル・ガド調査区で代表される草原〜灌木原の環境に見い出されるが，森林地帯ではまた別のセセリチョウ群がある（口絵写真35, 36）。どちらかといえば薄暗い木陰や草むらにいる，翅の幅が広く胴体が細い種で，草原の種に比べて活動はゆっ

キマダラセセリ群の採集場所

	ニセキマダラセセリ	キマダラセセリ	ハヤシキマダラセセリ	コンフィシアスキマダラセセリ	トラカラキマダラセセリ	ジクレアキマダラセセリ
草原	39	29	6	22	3	7
灌木	3	17	12	20	4	1
林床	20	28	30	35	6	3
林間	3	4	32	11	—	3
建物	—	—	—	—	1	—
♂	57	68	72	85	15	17
♀	13	12	13	15	—	—

5-3 熱帯で進む種分化と繁栄 —— セセリチョウ

くりしている。こうした特徴をもつクロセセリ類などがおそらくこのアジア熱帯森林の中で進化して、その環境にとどまった原生の種なのだろう。それに対してウル・ガド調査区に多いチャバネセセリ群やキマダラセセリ群は、種数が多いのに大半が草原に生息して、種によるハビタット分化があまり見い出されないことなど、熱帯アジアの新しく広がったオープンな草原に適応して進出したグループではなかろうか。

熱帯アジアのセセリチョウは、大型種と小型種に分化していく傾向が、他の科のチョウに比べてはっきりしているように感じられる。そうして大型の種にはバナナセセリやヤシセセリのように作物害虫となっているものが多いということに、何か生態的な意味を読みとることができるのではなかろうか。さらに中型（小型群のなかでは大きい）のチャバネセセリ群の各種がイネ科植物に強く結び付いていること、長距離移動する種があることなど、地味で目立たないセセリチョウにはさらに興味深い、多くの問題があるように感じられる（図5-2）。

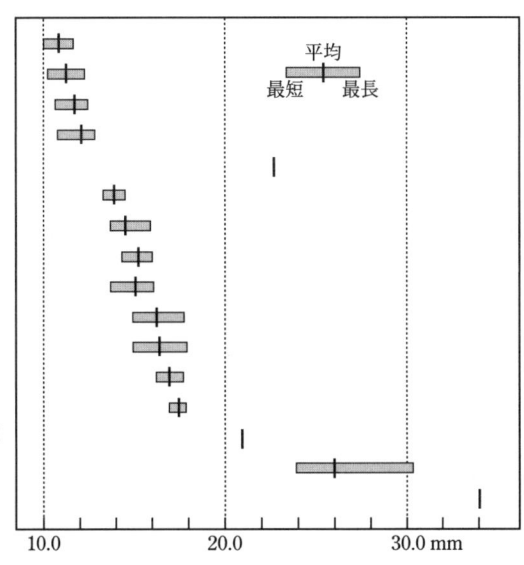

図5-2 西スマトラで採集したセセリチョウ各種のサイズ分布

熱帯のセセリチョウの生態を考えるとき，このグループの採集・観察記録が調査の方法によって大きく変わってくることに配慮しなければならない。セセリチョウは採集の場所を決めて同じ場所をそっと見回っていると多く採れるのに，一定の時間を決めて直線的に歩くことが多いラインセンサスではあまり採れない。セセリチョウ科，特に小型種は非常に警戒心が強くて，何か危険を感じると瞬間的に飛び去る。小さくて素早いこのチョウの飛行中の姿を見るのは不可能である。調査者が普通の歩行速度で動いていると，止まっていたセセリチョウは素早く飛び去って，ほとんど見つからない。熱帯の森林や草原の生態系で重要な，このセセリチョウ群の生態に関する正確な資料を得るためには，このグループの特性に応じた注意が必要である。熱帯雨林の高い樹冠層では，さらに別の調査方法を工夫することが必要になってくる。

5-4　熱帯のチョウの少数派？──シジミチョウ

　1996年2月27日の朝，私はいつものように研究センターの建物を一回りして，玄関前の駐車場の端に立ってあたりを見回していた。ふと足元を見て，草丈2～3cmのまばらな草の上に，何か小さな白いものがチラチラと動いているのを感じた。目にもとまらないような速さで，急角度に方向を変えながら飛び回っている小さなものは，何かそこにいるらしいと感じるだけで，はっきりと見定めることができない。私はそれが飛び回っているあたりを確かめて，網で強くすくった。草の葉の切れ端とともに網に入ったのは，それまでに見たことがなかった小さなシジミチョウだった。
　前翅の長さが1cm足らず，翅表が灰色で裏が白地の小さな黒点を散らした，やや横長の翅をしたこのチョウは，図鑑で調べてみるとホリイコシジミに該当した（図5-3；口絵写真38, 39）。しばしば本などで世界最小のチョウといわれているものである。ウル・ガドの調査地で採集できたのはこの1個体だけだった。その後の1998年にも1個体採集したが，あまり小さいうえに飛び方が

5-4 熱帯のチョウの少数派？──シジミチョウ

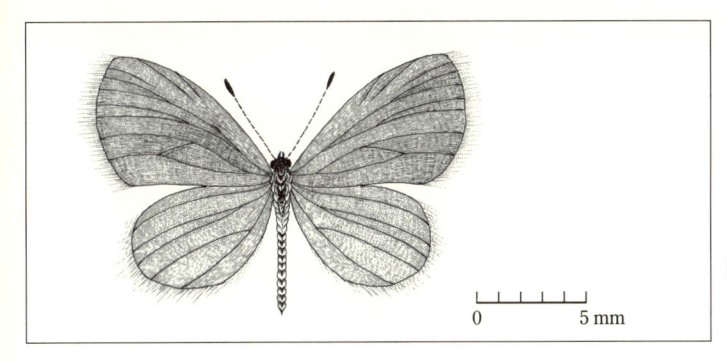

図 5-3 世界最小のチョウ，ホリイコシジミ（丹羽節子氏図）

速いので，よほど注意しないと目にとまらない．歩きながら見つけることはほとんど不可能で，2個体目を採ったときは，前に採ったのとほぼ同じ場所で，草の上のあたりをじっと眼をこらして見回していて，ようやく発見した．注意して探せば，もう少し見つかったかもしれない．シジミチョウを観察する難しさを，身にしみて感じる例である．

同じ小型のチョウでも，セセリチョウに比べてシジミチョウは得をしている．細い体で広い翅は白っぽく明るい色彩，あるいは赤や緑の地色に小さい斑点を散らし，草地を低くはうように飛ぶシジミチョウを見て可愛いという人は多い．若葉の梢に止まる緑の宝石のようなミドリシジミ類は，多くの愛好者を集めている．それに対して黒っぽい茶色や赤褐色の尖がった細い翅と太い体をして，弾丸のように飛ぶセセリチョウを可愛いという人はほとんどない．普通の人の感覚に合わないセセリチョウは不運だ．

西スマトラでは繁栄しているセセリチョウに比べて，シジミチョウは繁栄していないように見える．ウル・ガド調査区で12種，ガド山で13種，シピサンで13種，三つの調査区を合わせると26種のシジミチョウを採集した．種数からいえば決して少なくはないのだが，小型で見つけにくいせいもあって，フィールドではあまり目につかない．また場所によって種相がかなり違っていて，この26種のなかに三つの調査区に共通するのは2種しかなかっ

た。西スマトラで観察したシジミチョウの大半は，小さくて地味な色彩をしており，鮮やかな色彩をした大きなシジミチョウは，日本のウラギンシジミによく似たフェルダーウラギンシジミだけであった（口絵写真40）。

　私は小型のチョウのなかでは，数が多く種数も個体数も多く，棲み場所や行動も多様で興味が深いセセリチョウに注意が向いて，この目立たない熱帯のシジミチョウは，十分に採集や観察をすることができなかった。主調査地であるウル・ガド地区に多いヒメウラナミシジミ類が，小さくて観察しにくいことに加えて，よく似た種が多くて同定が難しかったこともあって，他のチョウに比べて私の集めた資料や記録は多くない。後で考えると，シジミチョウは地域による種相の違いが著しいことなど，熱帯の生物多様性を検討するうえでよい材料ではなかったかと思う。今後の問題だろう。

　ウル・ガドの草原に多くて日本と共通のウラナミシジミ（口絵写真41）やシルビアシジミをはじめ，トラフシジミやヒイロシジミには，特に熱帯のチョウだという特徴を感じられない。これらのシジミチョウは，草原でも草丈の高い所には見られず，人が踏みつけたり山羊に食われて伸びられない地表数cmの短い草の上によく見られた。草原性のシジミチョウ類が多雨熱帯アジアに昔から棲みついているグループなのか，あるいは人間の開発によって外来の雑草がはびこる荒れ地が広く生じてから定着したのか，私はいつも疑問をもった。

　ウラナミシジミ類は日本でも本土のウラナミシジミに対して，琉球列島にはルリウラナミシジミやシロウラナミシジミなどの多くの種がいる。西スマトラでは，開けた草原にいて個体数も多い普通のウラナミシジミに対して，樹林や山地には，個体数は少ないが5種以上のいろいろなウラナミシジミ類がいた。ガド山では林縁や森の中にいるプラルリウラナミシジミやトガリバウラナミシジミが，草地と森林の両方にいるコシロウラナミシジミととも

写真 5-7 草原で時おり見られるトガリバウラナミシジミ

に採集された(写真5-7)。コシロウラナミシジミは林縁や林内によく見られる。うす暗い熱帯林の中の，樹冠の隙間から射し込む光の筋に白く浮かび上がるコシロウラナミシジミの姿は，私がよく目にした熱帯雨林の一つの情景である。ウラナミシジミ類の各種の生息場所や行動にはそれぞれ特徴があるらしかったが，採集できた個体数がごく少なかったので，コシロウラナミシジミ以外は十分に観察する機会がなかった(口絵写真43)。

　ウラナミシジミ類より一回り小さいヒメウラナミシジミ類は，草原よりも樹林を好む傾向が一層はっきりしている。この類は小さくて野外では種が見分けにくいが，その行動や活動する場所は種によってかなり違っている。なかでもウル・ガド調査区の裏庭にある1本の樹の，地面から4〜5mの高さの梢に，からむようにして飛び回るドウビオサヒメウラナミシジミ(口絵写真45)の行動は特徴があった。シピサンでは，森の中の少し開けた小川の砂地に降りて吸水しているヒメウラナミシジミもよく見かけた。

　ウラナミシジミ類もヒメウラナミシジミ類も，数多く採集される普通種に混じって，ごく稀に違った種が採れる。標本にして詳しく調べて初めて別種であることがわかるので，これらの稀な種の生態や行動を記録することは大変に難しかった。特にヒメウラナミシジミ類は，チョウの同定に慣れない私は，随分と時間をかけて調べたが，同定の結果に自信がもてない標本がかなり残っている。この標本はすべてパダンの研究室に記録とともに保存してあるので，誰か興味をもった専門家によって再検討してほしいと

思っている。

　ウル・ガド地区で見かけるウラナミシジミ類以外のシジミチョウとしては，日本にもいるシルビアシジミが多かった。この種は乾いた荒れ地の，人や家畜に踏みつけられた低い草地で活動していた。これも人の手による荒れ地の拡大とともに広がった種ではないかと思われる。

　ガド山やシピサンの林縁や森林の中では，ウル・ガドなどの平地の荒れ地草原と違ったシジミチョウに出会う。ガド山の灌木地帯や大きい森の林縁には，チビイシガキチョウ類という，一見シジミチョウのように見える小さなタテハチョウがいて，はじめはシジミチョウ類ではないかと戸惑ったが，慣れてくると滑空するような特徴ある飛び方から，シジミチョウとは見分けられるようになった。

　山がかった地域や森林の中では，日本であまり見かけないタイプのシジミチョウを見ることができる。山地の森にいるウラボシシジミ類やサカハチシジミ類，あるいは幼虫がアリと共生するというエビアシシジミなどの，変わった色合いや模様は私が初めて見るタイプのシジミチョウだった（口絵写真42, 44）。比較的数が多く，黒紫色や黒褐色の地に幅広い白い縦帯のあるサカハチシジ

シジミチョウの採集場所

	ウラナミシジミ	コシロウラナミシジミ	ヒメウラナミシジミ	ドウビオサヒメウラナミシジミ	シルビアシジミ
草原	60	9	3	6	36
灌木	1	4	9	5	1
林床	—	9	6	3	—
林間	—	9	4	—	—
建物	—	—	—	1	1
♂	24	33	13	8	40
♀	42	4	9	8	2

（採集場所の個体数と雌雄の個体数が一致しないのは，採集場所の記録がない標本が混じっているためである。）

写真 5-8 森林内の空き地などで活動するムラサキサカハチシジミ

ミ類は，飛んでいてもたやすく見分けられた（写真5-8）。

採集した場所で見ると，日本と共通の種であるウラナミシジミやシルビアシジミがほとんど草原にいて，灌木や高い木立の中にも見られるその他の種との違いがはっきりしている。一般的にスマトラで見るシジミチョウは，草原に棲んで温帯と共通の種が多いグループと，森林に棲んでいる熱帯特有のグループに分けられる。この森林性の種が熱帯アジアの本来のシジミチョウではなかろうか。シジミチョウについては西スマトラでも深い森林や樹冠部の調査が進めば，もっと多くの種と，その興味ある生態が明らかになっていくだろう。

5-5 過去の栄華を追う森林種と新興の草原種 ——アゲハチョウ

熱帯アジアの昆虫というと誰でも思い浮かべるのが，大きなキシタアゲハやトリバネアゲハだろう。大森林の樹間をゆうゆうと飛ぶこの大きなアゲハチョウを見た人は，自分が熱帯にきたという実感をもつ。黒い大きな翅に緑や瑠璃色の鮮やかな斑紋を付けたルリモンアゲハや，黒地に赤い鮮やかな模様のベニモンアゲハなども熱帯アジアを代表するチョウとして，写真やテレビ映像によく出てくる。アゲハチョウとしては異例に小さな透明の翅に青い尾をひいたスソビキアゲハも，熱帯アジアのアゲハチョウとしては見落とすことはできない。

しかし私が西スマトラで研究対象として注目したのはこれらの

華麗な種ではなくて、パダン周辺の野山にたくさんいて亜熱帯から温帯まで広く分布している、ごく平凡な普通種のオナシアゲハやナガサキアゲハ（口絵写真1, 2）だった。

　調査を始めたとき、まず目についたのは日本のナミアゲハに似たオナシアゲハである。これはパダン周辺の草原に最も普通のチョウである（口絵写真46）。この種は日本のミカン園などに棲むナミアゲハ（アゲハチョウ）の熱帯代替種であって、ほぼ同じような生態をもっているのだろうと思っていたが、実際は灌木地帯のチョウではなく草原のチョウだった。

　ウル・ガド調査区で採集したアゲハチョウは7種、その他の調査地を合わせても9種しかない。これらの種は、大きく分けて4グループになった。これは日本のクロアゲハのように黒い翅をした大きなアゲハチョウ、いわゆる黒色アゲハ群と、日本のアオスジアゲハを含む黒地に青い模様と縦に長い翅をもつタイマイ群、熱帯雨林の申し子のような透明の翅をした小さなスソビキアゲハ、日本のナミアゲハと対応するオナシアゲハである。オナシアゲハを最後にしたのは、これがスマトラではごく近年の侵入種と推測されるからである。日本のアゲハチョウにはギフチョウやウスバアゲハのような北方系のグループがあるが、熱帯ではそのかわりにキシタアゲハやスソビキアゲハの仲間がいる。大きくてきらびやかなトリバネアゲハやキシタアゲハ、小さな透明な翅に長い尾をひいたスソビキアゲハなどは、華やかだった熱帯森林の伝統を守るチョウという感じがする。

5-5-1　黒色アゲハ群

　昆虫の採集を始めた頃、畑や草原から森の中に入って大きな黒いアゲハチョウを見たときのことを忘れない。裏面は黒くて目立たないのに、捕らえて翅を開いてみると黒い中に緑や青い鱗片が光っているカラスアゲハやミヤマカラスアゲハに感激した。西南日本では大きいナガサキアゲハやモンキアゲハに、心を躍らせる

5-5 過去の栄華を追う森林種と新興の草原種 ── アゲハチョウ

少年は今でも多いだろう。

　西スマトラでごく普通に見られる黒色アゲハ類は，この仲間としては小型で，北は沖縄まで分布するシロオビアゲハだった。シロオビアゲハにはいろいろなタイプが知られているが，パダンのシロオビアゲハは後翅の尾状突起がごく短い，無尾型に近いタイプだった。このチョウは草原にも出てこないが，あまり深い森林の中でも見られず，やや開けた土地にある木立の間をゆっくりと飛んでいることが多かった。それに混じって後翅に白帯がなく，赤い斑紋がある雌だけに現れる赤紋型が時々採集された。パダンでは赤紋型の個体は白帯型に比べるとやや小さく，尾状突起はかなり長かった（口絵写真47, 48）。

　シロオビアゲハの白帯型と赤紋型の活動場所を見ると，赤紋型のほうが明るい草地に多いようだが，例数が足りないのでまだ断定はできない。この2型の行動などは，擬態の問題との関係から，さらに追求することが望まれる。

　シロオビアゲハとともに，ウル・ガド地区でよく採集されたのは大型のナガサキアゲハだった。これは研究センターの庭の木立の下を，素早く横切っていくことが多かった。どこかに幼虫の生育に適した柑橘などの樹林があって，研究センターの庭はその往来の通路にあたっていると思われた。ここのナガサキアゲハには黒い翅に白い部分が多くて独特の彩りを示すスマトラ型（白紋型，

黒色アゲハ群の採集場所			
	シロオビアゲハ (白帯型)	シロオビアゲハ (赤紋型)	ナガサキアゲハ
草原	7	4	1
灌木	2	2	3
林床	3	2	─
林間	24	4	38
建物	─	─	─
♂	21	─	34
♀	20	12	8

写真 5-9 林縁や草地の灌木上を早く飛ぶネフェルスアゲハ

form anceus) が少し混じっていた。その他の黒色アゲハ類としてはオビモンアゲハやネフェルスアゲハ（タイワンモンキアゲハ）がごく稀に採集された。これらは平地のウル・ガドよりも山地のガド山や里山のシピサンでよく見られた。いずれも明るく開けた草地ではなく、あまり混み合った枝のない木立の間で活動している点でも、クロアゲハやモンキアゲハなどの日本の類似種と似た行動をとっていた（写真5-9）。

5-5-2 タイマイ類

　日本ではアオスジアゲハによって代表されるタイマイ類は、形でも行動でもアゲハチョウのなかで異色のグループである。縦長の独特の翅形や太い胴体、強く羽ばたいて直線的に飛ぶその動きなど、他のアゲハチョウには見られない特徴がある。

　西スマトラでは、北は沖縄まで分布するコモンタイマイが多かった（口絵写真50）。明るく開けた草原や灌木の上を強く羽ばたいて高速度で飛びすぎるこの種は、慣れないうちはなかなか採集できなかった。2〜3mの高さの梢の上を飛び回り、時には他のチョウを追ってなわばり行動のような動きもする。木立の中まで入ってくることもある。

　個体数は少ないが、アオスジアゲハもこの調査区に飛来した。

5-5 過去の栄華を追う森林種と新興の草原種 —— アゲハチョウ

写真 5-10 やや高い灌木上を敏捷に飛ぶアオスジアゲハ（日本のものと同種だが，やや小型の個体が多い）

　この種は灌木の梢の上を速い速度で飛翔する。熱帯アジアのアオスジアゲハは日本と同種とされているが，日本のものよりもやや小型の個体が多いように感じた。しかし標本数が少ないので，まだ測定して日本のものと比較したことはない。ジャワのバンドンにあるパジャジャラン大学の標本室で，大きな標本箱一杯のアオスジアゲハの標本を見たときも，その第一印象は日本のものよりも小型だということだった。この標本を測定したいと思いながら，まだその機会が得られない（写真5-10）。

タイマイ群の採集場所	アオスジアゲハ	コモンタイマイ
草原	—	2
灌木	4	7
林床	—	—
林間	—	7
建物	—	—
♂	3	12
♀	1	7

5-5-3　オナシアゲハ

　日本のアゲハチョウ（ナミアゲハ）に似たこの種は，現在は西スマトラの各地ではごく普通の種であるが，少し以前の本や図鑑

ではスマトラに分布しないことになっている。以前にはまったくいなかったかどうかはわからないが，今のように多くはなかったのであろう。人間の手による草原の拡大を背景とした，最近の熱帯アジアの自然環境や生物相の変化を示す一つの例と思われる（写真5-11）。

オナシアゲハはやや丈の高い草原の上を飛び，木立や林に入ることはごく少ない。荒れ地のチガヤ草原の葉先すれすれに飛び，夕方や天気の悪いときはしばしば草むらの中に入っている。そのようなとき，よく見ると上向きに伸びているチガヤの葉先より少し下に沈み込むように止まっていて，翅は半ば開いてじっとしている。夜もこの状態ですごすらしく，朝早くチガヤ草原を歩くと，草むらの中から突然にオナシアゲハが飛び立つことがある。交尾もチガヤ草原の中で行う。交尾前の行動は見ていないが，雌雄が後ろ向きになってチガヤの葉に止まって交尾したまま静止しているのを数回観察した。

ウル・ガド地区にはいなかったが，熱帯のアゲハチョウとして付け加えておきたいのは，やはりキシタアゲハとスソビキアゲハである。キシタアゲハはガド山の調査ルートにはいなかったが，ルート外の少し山中に入った林縁などではよく見かけた。ランタナの花から吸蜜をしていることもあった。森の中や林縁では高い

オナシアゲハの採集場所		
草原	46	♂ 45
灌木	2	♀ 16
林床	2	
林間	5	
建物	—	

写真 5-11 チガヤの草原で夜をすごし，昼は草地で活動するオナシアゲハ

所を飛んでいるので採れなかった。もし私がチョウの収集を目的としていたらもっと努力して必ず採集しただろうが、一定のルートを決めて一定の方法で採集するという私の方針では、この種は採集範囲に入ってこなかった。一方、スソビキアゲハはガド山の調査地の端にあるわずかに残った熱帯雨林の、やや暗い森林の中で低い所を飛んでいるので採集できた。この種はあまり多くはなかった。熱帯アジアのチョウの代表とされる大きな金緑色に輝くトリバネアゲハは、私の調査地ではほとんど見られなかった。

5-6 毒を抱いて舞う天使 ——マダラチョウ

　ガド山の山麓から尾根道を3kmほど登ると、緩やかな傾斜の山ふところの谷間に、山畑の中に取り残された数haの熱帯雨林がある。高い三層の樹冠に覆われて陽を遮られた林床に、幅1m足らずの小さな浅い流れがあった。この上の山腹に広がる山畑や森林から地中にしみ込んだ水が、岩の間からわき出して泉をつくり、浅い渓流になって、屈曲しながら密林の中を流れている。チョウの調査をしているときは、自分の専門の一つである水生昆虫にはできるだけ触れないことにしていたが、この小さな渓流のほとりで休憩したときは、私は流れの底の石などを取り上げて、トビケラやヒラタドロムシの幼虫などを見つけては楽しんだ。
　樹高が40mを越す巨大な樹冠の下に、2層の樹冠層が重なっている昼なお暗い森の中で、渓流の上だけは少し開けた空間になっていた。この曲がりくねった細い空間には、真っ白い大きなチョウが1個体、ゆっくりと往復していた。翅を広げると20cmに近い大きなチョウは、地上2mくらいの高さを、まるで宙に浮いた紙片のように、流れに沿って上ってきては、泉の上で方向転換をして下っていった。ほとんど翅を動かさずに滑空し、自由に方向を変えるのを、私はいつも不思議に思っていた。一度これを採集してみて、何種かあるオオゴマダラの1種、リンケウスオオゴマダラの雄であることを知った。その個体を採ると、しばらく経っ

写真 5-12 熱帯林の暗い森陰で，宙に浮いた白い紙片のように飛ぶストリィオオゴマダラ

て，また同じような個体が現れて，同じように渓流の上を往復していた。採れば数日の後に同じような個体がどこからともなく現れるのに，一度に見られるのはいつも1個体だけだった。暗い森の中の渓流の上を，飛ぶともなく翅を広げて漂っているこの白い大きなチョウは，わずかに残ったこの森を見守っている熱帯雨林の精のように見えた (写真5-12；口絵写真11)。

　熱帯アジアのチョウを代表する一群といえばマダラチョウだろう。細長い体に大きな薄い翅を広げて，森林の樹間を滑空するオオゴマダラなどの大型の白色マダラチョウ類，それよりは少し小型だが，長い体に大きな翅を羽ばたいて，森林の樹冠や灌木の梢を飛翔するマルバネルリマダラなどの紫色マダラチョウ類，明るい柿色の翅に黒い模様を付けて，林縁や灌木混じりの草原を飛ぶカバマダラ類，まばらな木立の間を低くゆっくりと舞うアサギマダラのような中・小型の白色マダラチョウ類と，さまざまなマダラチョウが熱帯アジアの野山を彩っている。

　マダラチョウはアゲハチョウなどと比べると，丸くて突起のない単調な形の翅ではあるが，濃い緑の森や灌木原の中でよく目立つ色彩をしているうえに，飛び方も一般にゆっくりとしていて，遠くから見てもマダラチョウ科と見当がつく。翅の形や色彩だけからみれば，平凡なチョウである。しかし熱帯アジアのチョウ全体を見渡すと，取り立てて特徴がないこのマダラチョウが，チョウ類全群の生態と進化に及ぼしている大きな影響がわかってく

る。それはこの類が毒蝶であるという事実から始まっている。熱帯生物の進化における複雑な種間関係を示す見事な実例がここにある。このおとなしく，一見清楚（せいそ）なチョウがもっている恐ろしい毒が，熱帯の自然のなかでどのような波紋を広げているかが，熱帯のチョウ相を知れば知るほど，鮮やかに浮かび上がってくる。

　私はチョウを専門に研究したことはないが，長い昆虫研究のなかで，自然にチョウの各グループ（特に科）の特徴を一通りはつかんだつもりでいた。アゲハチョウ科とは，ジャノメチョウ科とは，タテハチョウ科とはといった各科のチョウの，大体の大きさや色彩や形と行動のイメージができ上がっていた。ところが熱帯アジアのチョウの図鑑を開いてみて，いろいろな科の中にこのイメージから大きく外れた一群のチョウが混じっていることに気がついた。アゲハチョウらしくないアゲハチョウ，ジャノメチョウらしくないジャノメチョウを見て，私はそれまでに作り上げてきたイメージが崩れた。そうして，この変わり者の大半が，マダラチョウ科のいずれかの種に擬態したものであることを知った。そのとき私は，熱帯アジアの自然のなかで進んでいる進化の過程に，チョウどうしの複雑な種間関係が，いかに深くしみ込んでいるかを強く感じた。マダラチョウ類が鳥やカマキリなどの捕食を避けるために開発した毒が，直接には関係のない別のグループのチョウの姿や形に，こんな大きな変化を引き起こしたということ，それは熱帯の生態系が，単に寒い時期のない気候条件や，高い生物生産と速い物質循環だけでは理解しきれない，複雑なものであることを示している。

　私が西スマトラで採集した10種のマダラチョウは，ほぼ四つのタイプに分けることができた。それは大体次のようなものである。

5-6-1　ルリマダラ群

　図鑑などでも見ることが多い，翅の全体が光沢のある黒や紫色

写真 5-13　熱帯林の高い梢にからむように飛ぶディオクレティアヌスルリマダラ

に小さな白点を散らした美しいチョウである。日本でも琉球列島まで分布している種があるので，採集した人も多いだろう。たくさんの種があるが，私の調査地では4種が見られた。なかでもマルバネルリマダラ（口絵写真5）とパエナレタルリマダラが多い。マルバネルリマダラは木立の中を縫うようにゆっくりと飛んでいる。やや大型のパエナレタルリマダラは高い樹の梢にまつわるように飛ぶのを観察した。その他の種も時折は草原などの開けた所に出てくるが，一般には高い熱帯林の樹冠の下などで見かけることが多い。高い樹冠部にまつわるように飛んでいるこの類は，地上から見ると黒い点のように見える。西スマトラの深い森林内では，少し小型だが，紫の地に白や青色の美しい斑紋を散らしたディオクレティアヌスルリマダラをよく見かける（写真5-13）。

ルリマダラ類には，ツマムラサキマダラのように斑紋に多型をもつ種が知られている。ウル・ガド地区と，そこから6kmほど離れたガド山地区で，ツマムラサキマダラ（ムルキベールルリマダラ）がまったく違った色彩と模様をした二つの型に分かれていることを知って，私は熱帯昆虫の多様性をあらためて感じた。ウル・ガド地区から4kmほど離れたリマウ・マニスの大学実習林の個体はガド山と同じタイプだった（口絵写真51, 53）。

私は1965年にマレー半島のクアラルンプールに近いフレーザーズ・ヒルの山道で，ほとんど前を見通せないほどの多数のルリマダラの群飛を見たことがある。そのときからこのチョウは熱帯

アジアの森林を象徴するもののような印象を今も強くもっている。同時に，数は少なくなっても，現在でも町の庭園の植え込みや街路樹の木立に中で生き続けていくこの群が将来も生き続けていくことを祈っている。

5-6-2　アサギマダラ群

　この型は日本では長距離移動をして本州にも分布するアサギマダラがよく知られているが，私がパダンでいつも見たのは，日本のアサギマダラよりもかなり小型で，琉球にいるリュウキュウアサギマダラによく似たブルガリスヒメゴマダラだった（口絵写真52）。これは黒褐色の地に白い筋や斑点のある地味なチョウである。稀にモンシロチョウくらいのサイズで半透明の白い翅に黒褐色の筋が走り，後翅に鮮やかな黄色のぼかしのある美しいアスパシアアサギマダラ（口絵写真54）が見られた。この種は山地性で，ガド山地区では割合によく見られた。このアサギマダラ型はルリマダラ型に比べると，明るい草原や灌木地帯に出てくることが多いが，広い草原の中まで出てくることはほとんどなく，普通はあまり深くない樹林やまばらな木立の中で下草の上を低くゆっくりと飛んでいることが多い。

5-6-3　オオゴマダラ群

　目立って大きくて白い半透明の薄い翅をしたオオゴマダラチョウは，熱帯の自然の一つのシンボルである。この類はどの種もあまり個体数が多くはないらしく，ほとんどの場合，一度に観察できるのは1個体だけだった。普通は深い森の中の小さな谷間などを1個体だけでゆっくりと飛んでいるが，森から隣の森へ移動するときだけは，羽ばたいて速く飛ぶこともある。この地方のオオゴマダラの類は色彩も翅の形もよく似ているが，いろいろな種があるらしい（口絵写真11）。

　オオゴマダラ類は草原ではほとんど見られない。深い森林内や

森と森をつなぐ木立の中で観察された。その大きさや遅い飛翔速度，熱帯雨林の薄暗い樹冠の下に白くクッキリと浮かび上がる色彩，急な方向転換をしないで真っすぐに飛ぶ行動など，無数の捕食性天敵に満ちた熱帯の自然のなかで，これほど生存に不利な性質をもちながら，たくさんの種に分化して生き抜いてきたことは，自然の不思議の一つといってもよい。いろいろな点から考えてこれは消えていく熱帯林のチョウを代表するグループかもしれない。

5-6-4 カバマダラ群

　赤褐色の前翅の先端に黒地に白い大きな模様のあるこのグループは，熱帯の自然を取り上げた写真やテレビ映像などによく出てくるので，名前は知らなくても色や形を知っている人も多いだろう。白か黒紫色の冷たい単調な色彩の種が多いマダラチョウのなかで，暖かい色をした変わった一群である。この型は他のマダラチョウと違って，明るい草原や灌木地帯で活動することが多く，木立の周りや枝の下を，速く羽ばたいて直線的に飛ぶ。タテハチョウ科のハレギチョウ類やツマグロヒョウモンなど，この種に擬態したといわれるチョウは，カバマダラと同じような場所でよく似た飛び方をしている（口絵写真57）。

　この型のチョウは割合によく見かけるが，調査地で採集できた種は少なく，カバマダラとスジグロカバマダラの2種だけである（口絵写真55, 56）。図鑑などによれば，スマトラにはこのほかに2種のカバマダラがいることになっている。特にスジグロカバマダラとよく似たメラニップスカバマダラやアフィニスカバマダラが混じっていないかと注意したが，西スマトラの三つの調査地では確認できなかった。今後もう少し調べる必要はあるが，ここでは西スマトラの普通の種はカバマダラ（クリシップスカバマダラ）とスジグロカバマダラ（ゲヌティアカバマダラ）としておく。

　この2種は生息場所に明らかな違いが認められた。ウル・ガド

では採集されるのはほとんどすべてカバマダラであるのに，その他の調査地ではすべてがスジグロカバマダラだった。低地の開けた草原や灌木原ではカバマダラ，やや森の多い山地ではスジグロカバマダラと，かなりハッキリした棲み分けをしているように思われる。スジグロカバマダラは各地で採集したが，私が西スマトラでカバマダラを採集したのはウル・ガド調査区だけだった。ここのカバマダラの半数は後翅が白化した型だった。

　オオゴマダラやルリマダラなどのマダラチョウ類が主として暗い森林や木立の中で活動しているのに，カバマダラの類だけが明るく開けた草原や灌木原に出てきている。原生の深い森林を棲み場所として進化してきたマダラチョウのなかで，このカバマダラ類と一部のアサギマダラ類だけが人間に開発されていく熱帯アジアの自然界にも適応して生き残っていく種なのかもしれない。

	マダラチョウ類の採集場所			
	マルバネルリマダラ	パエナレタルリマダラ	ブルガリスヒメゴマダラ	カバマダラ
草原	2	—	1	4
灌木	4	3	2	2
林床	—	—	—	—
林間	20	5	15	2
建物	1	—	—	—
♂	9	7	6	3
♀	21	2	15	5

5-7　古典派と変化派 —— ジャノメチョウ

　調査を始めてからしばらく経ったある日，調査地の灌木の上を素早く飛ぶ黒っぽい中型のチョウを見た（口絵写真56）。滑空しては時々羽ばたく姿に，私はタテハチョウの仲間かと思いながら，捕虫網でこのチョウが止まった灌木の梢を強く払った。小枝や葉と一緒に網に入ったチョウは少し翅が破れていたが，翅を開いてみると日本のコムラサキによく似ていた。白い筋の入った褐色が

かった地色が光の具合で紫の幻色を現す。同じように紫の幻色を示すコムラサキとは大きさも翅の形も似ているうえに，滑空して梢に止まるその行動もそっくりである。しかし私は翅の裏面を見て首をかしげた（口絵写真58, 59）。茶褐色がかった雑色の細かい模様はガの1種のようで，チョウの模様としてはこれまでに見たことがない。強いていえば日本のヒオドシチョウの裏面に似ていた。タテハチョウ科のようだが，どこか違っていた。長く昆虫を見てきた者として，一目見てチョウの科がわからないことがあるとは想像もしていなかった。その後二，三の図鑑などを調べて，これが意外にもジャノメチョウ科のネサエアルリモンジャノメであることがわかった。

ジャノメチョウ科は目立たないチョウである。大小はあるがどの種も同じような黒っぽい茶色か黄褐色で，蛇の目模様を特徴とした似たような模様の翅をしている。暗い森の下生えの上をひっそりと飛んだり，下草や樹幹に止まっている暗色のジャノメチョウ類やヒカゲチョウ類は，注意しないと気がつかない人も多いだろう。標本にしても映えない点ではセセリチョウとよく似ている。ジャノメチョウの多くは草地かやや明るい林床にいる。幼虫がイネ科植物を食草としている種が多いこともあって，他のチョウが少ないイネ科草原ではよく目立つ。

ウル・ガド調査区でも，ジャノメチョウは種数も個体数も多い割にはあまり注意をひかなかった。その行動を見ていると，どの個体もごく狭い範囲を動いていて，アゲハチョウやマダラチョウのように遠くへ飛んでいくことがない。個体数が多くて定着性が高い点では，この地区の生態系にとって重要な構成員であろう。

日本でもジャノメチョウは人気のないグループである。森林や草原のチョウとして生態的には重要な役割をもちながら，シロチョウなどと同じようにひっそりといわば古典的な生き方をしている。しかしそのなかにネサエアルリモンジャノメのような新しい生き方を選んだ変わり者が出てくる。熱帯のチョウの多様性の一

面であろう。

　西スマトラの調査地では13種のジャノメチョウが採集できた。それは成虫の行動や活動場所など生態的な面から，おおまかに三つのグループに分けられる。なお山地や森の種には，この3グループのどこに入れてよいかわからないものもあり，調査が進めばもっと別のグループ分けが必要となるかもしれない。幼虫の生態が詳しくわかればまた別の見方もできる可能性がある。

5-7-1　ウラナミジャノメ，コジャノメ群

　ウル・ガドの研究センターの庭には，ほとんど1年を通して小さなジャノメチョウがいた。日本のヒメウラナミジャノメと大きさ，色彩，行動などが非常によく似たこの種はピロメラウラナミジャノメだった。明るい草原にも少し暗い木立の下草の上にも，いつも数個体が見られた (写真5-14)。

　注意して見ていると，時期によってはこれより少し大きい，日本のコジャノメかヒメジャノメに似たジャノメチョウが見つかった。ピロメラウラナミジャノメほど多くはなかったが，それでも他のチョウに比べるとよく目についた。私ははじめこれは1種だと思っていたが，日本から訪れたチョウの専門家の矢田さんに注意されて，4種が混じっていることを知った。採集数の多い順にヒメヒトツメジャノメ，ホルスフィエルディコジャノメ，ミネウスコジャノメ，メドウスニセコジャノメと，大きさや斑紋が少し

写真5-14　疎林でも草原でも低い草の間にひろく活動しているピロメラウラナミジャノメ

ずつ違っているこの4種のコジャノメは，互いに非常によく似ていて，手にとって詳しく調べないと見分けがつかなかった（口絵写真60, 61, 62, 63）。野外でも行動はほとんど同じように見えた。ウラナミジャノメは明るい草原に多かったが，このコジャノメ群はやや薄暗い木立の下にいることが多かった。発生時期もほぼ同じ4種の間でも，棲み場所や行動にはいくらかの違いがあるようで，採集場所の記録ではヒメヒトツメジャノメがやや明るい草原に出ることが多く，その他の3種は木立の下に多かったが，2年間の私の観察ではまだ十分にはわからない。幼虫の食草選択に違いがあるかもしれない。熱帯のチョウの近似種の種間関係を研究する場合には，このコジャノメ類もよい材料となるだろう。

　ガド山やシピサン調査区の山地草原や森の中では，また違ったウラナミジャノメやコジャノメ類がいる。ガド山調査区に多いパ

写真 5-15　里山の林内や林縁の草上に見られるマクタシマジャノメ

コジャノメ，ウラナミジャノメ群の採集場所

	ヒメヒトツメジャノメ	ミネウスコジャノメ	ホルスフィエルディコジャノメ	メドウスコジャノメ	ピロメラウラナミジャノメ
草原	22	10	10	11	68
灌木	−	−	1	−	−
林床	33	42	44	36	31
林間	1	1	−	−	6
建物	−	−	2	1	1
♂	37	35	43	30	68
♀	30	21	17	19	69

5-7 古典派と変化派──ジャノメチョウ   131

ンドクスウラジャノメや，シピサン調査区でよく見られるオルセイスコジャノメなどはウル・ガドのコジャノメ類の代置種らしいが，ガド山地区の森の中や林縁の低い茂みに中にいることが多い，明るい黄褐色に白い縦縞模様のマクタシマジャノメは，形態も生態もかなり違っていて，生態的にはコジャノメ群と別のグループに入るものだろう（写真5-15）。

5-7-2 コノマチョウ群

　ウル・ガド地区の木立の下には，大きなジャノメチョウのウスイロコノマチョウ（以下ウスイロコノマと略す）が多かった。他のジャノメチョウの倍くらいもあるこの茶色のジャノメチョウは，前翅の前端のほうにある小さな柿色の模様と白い点から，すぐに種がわかった。この種は沖縄まで分布し日本の本土にもしばしば飛来するので，日本のチョウの図鑑にも載っているから，知っている人も多いだろう。ほとんどの場合，木陰の低い下草の上にいて，めったに草原などの明るい所へ出てこない。木立の中ではコジャノメ類は草の葉に止まるのに，このチョウは地面や落ち葉の上にじかに止まる。夜には灯火に飛来し，しばしば室内に入ってきて，その行動はどこかガのようだった（口絵写真3）。

　この種はウル・ガドの研究センターの庭には非常に多いのに，

ウスイロコノマの採集場所			
草原	7	♂	130
灌木	1	♀	63
林床	171		
林間	−		
建物	20		

写真 5-16 熱帯林の暗い木陰の灌木の下に多いクロコノマチョウ

他の地区ではごく少なく，あまり採集できなかった。普通種のように見えて，棲み場所の選び方がかなりきびしいのかもしれない。この種は斑紋にかなり大きな変異がある。これは幼虫の生育条件に関係しているといわれているが，この点は別に述べたい。ガド山などの山地では，この種のかわりによく似た翅型で黒いクロコノマチョウが，やはり林床の薄暗い場所にいる（写真5-16）。

5-7-3 ルリモンジャノメ群

ジャノメチョウの仲間でありながら，さきに述べたように変わった生態をもっているのがこのルリモンジャノメの類である。しかも同じルリモンジャノメのなかでも，種によってその形態や習性の違いが大きい。私の研究地ではさきに述べたネサエアルリモンジャノメとパンテラルリモンジャノメの2種がいたが，この2種は翅型も模様も行動もまったく違っていて，はじめは同じルリモンジャノメのグループとは思えなかった。

この群は他のジャノメチョウと比べて，地表のごく低い場所から灌木上や林間の少し高い所まで広く行動する。さらにネサエアルリモンジャノメは，明るい灌木原などのオープンな所で活動するときには，タテハチョウのように翅を広げて滑空するのに，木立の中に入ると普通のジャノメチョウのように小さく羽ばたいて飛ぶという，翅の模様と対応した擬態のような行動をすることがしばしば観察された。第7章でも述べるように，この種は翅の破れ方でも他のジャノメチョウと違ったタイプを示している。こんな種がどのような環境の中で進化してきたのだろうか。

ネサエアルリモンジャノメの採集場所			
草原	—	♂	40
灌木	5	♀	11
林床	6		
林間	31		
建物	—		

ジャノメチョウの類は，熱帯では種数が多くはないうえに，色彩や生態・行動でも地味であって変化に乏しい。しかし今回の調査でも，ウル・ガド地区で採集できた83種のチョウのうちで最も個体数の多かった6種のうちの2種（ピロメラウラナミジャノメ，ウスイロコノマチョウ）を占めるように，個体数（言い換えれば現存量）の多さや特定の場所における密度の高さ，高い定住性など地域生態系の中で重要な役割を占めている可能性が大きい。この地味なチョウの生態を調べることは熱帯生態系の研究のなかで今後ますます大切となってくるだろう。

5-8　多様な形と生き方 ── タテハチョウ

　1996年9月，よく晴れた日の午前10時すぎ，私はガド山に登る細い山道をたどっていた。研究室の用務に追われて前の調査から一月余り経ってしまったために，やや調査間隔が開きすぎてしまっていた。

　幅30cmほどの道は，湿った崖の縁をたどり森を抜け山畑の中を上がっていく。1km余りきた所で，10m×20mくらいのちょっとした湿地の横を通る。この湿地とその周りだけ植生が違っていて，他の場所では見ない湿地植物や灌木が茂っている。ちょうど若い葉が伸び出している3mほどの高さの灌木の梢に，見かけない明るい黄色をした小さなチョウが飛んでいるのを見て私は立ち止まった。スマトラでの野外調査では，私はいつも半袖のシャツで調査道具を入れた軽いリュックを背負い，長いズボンに深いゴム長靴を履いていた。湿った林床や水のたまった湿地の多い私のフィールドでは，膝近くまであるゴム長が行動しやすく，足元を狙う毒蛇への防御にも有効だった。

　灌木の梢にまつわるように飛んでいる黄色のチョウは，小さく滑空しては翅を開いて樹葉の上に止まる。はじめは少し大きなシジミチョウかと思ったが，その飛び方からタテハチョウの1種と判断した。よく見るとあたりの灌木の梢に，同じようなチョウが

写真 5-17 明るい川岸の灌木の梢の周りを滑空したり，枝先に止まったりするインテルメディアチビイシガキ

　2〜3個体，止まったり飛んだりしていた。タテハチョウは敏捷(びんしょう)なので，私は注意しながらその1個体を網に入れた。それは赤地にオレンジ色の4本の縦縞をもった，翅を広げると3cm余りの美しいチョウだった。翅はごく薄くて，触るとすぐに破れそうだった。この小さいタテハチョウが，熱帯アジアに7種ほどいるチビイシガキチョウの1種であるインテルメディアチビイシガキであることは，その晩に図鑑を調べてわかった（写真5-17）。

　イシガキチョウというと，懐かしい思い出がある。中学校の低学年のときから，激しい空襲と戦後の厳しい生活のなかで中断していた昆虫採集を，父を失い，それまで住んでいた芦屋の町を離れてようやく住み着いた四国の山の中で4年ぶりに再開したとき，最初に採ったのがこの白いイシガキチョウだった。四国・九州から南，熱帯アジアまで分布するこの白い半透明の翅をしたイシガキチョウは，敗戦後の荒廃のなかで，海外へ出ることなどまったくの夢でしかなかった当時の私にも，遠い将来には，熱帯の自然のなかで昆虫を観察してみようという空想をかき立てるものだった。日本の種とは別種だが，非常によく似ているニベアイシガキチョウにはマレー半島で再会した。そうしてこの愛らしいチビイシガキチョウにも，ここで会うことができたとき，戦後の荒廃と困窮のなかでの空想の世界でしかなかった熱帯アジアの自然のなかに，今自分は立っているのだという実感を新たにした。

　この湿地の灌木の梢では，別の日にはインテルメディアチビイ

5-8 多様な形と生き方 ── タテハチョウ

シガキとよく似た，やや大きいラリアチビイシガキも採集した。灌木の梢にからみつくようにして，飛んだり止まったりしているこのチョウは，その大きさや色彩，行動など私の知った熱帯のタテハチョウのなかで最も可愛らしいものだった（口絵写真10）。

　太い筋肉質の体でやや厚くしっかりした翅を強く羽ばたいて，速いスピードで直線的に飛ぶ種が多いタテハチョウに，私はチョウのなかでもきわ立った強い性格を感じる。熱帯アジアのイナズマチョウ類などを見ていると，ツバメやタカなどの飛翔を思わせる。熱帯アジアではタテハチョウの種は多く，私が西スマトラで採集しただけでも39種（ウル・ガド15種，ガド山24種，シピサン17種）になる。熱帯のタテハチョウは形でも行動でもいろいろなタイプの種を含んでいて，簡単にまとめることはできない。西スマトラで観察したいろいろなタテハチョウを，私の印象を元にして幾つかのグループに分けて，その主な五つのグループについて，生態や行動をまとめてみよう。

5-8-1　タテハモドキ群

　私はウル・ガドの主調査地で見られる4種のタテハモドキ類にまず注目した。パダンに着任して半月余り，ようやく研究室に落ち着いて仕事を始めようと周りの野原や木立の中を歩いていると，目についたのは裏庭の木立の陰の下草や地面に止まったり，低く飛んでいる2種の中型で暗色のチョウだった（写真5-18ⓐ）。

写真 5-18 暗い森の中にいるタテハモドキ2種。
ⓐ イワサキタテハモドキ
ⓑ クロタテハモドキ

その1種はジャノメチョウ科のウスイロコノマだった。やや小型のもう1種は，低い草に止まっていると翅をたたんで黒灰色の裏面だけを見せていたが，灌木の梢などに止まっているときは翅を広げて鮮明な赤茶色の表面を見せていた。日本の図鑑でも見ていたので，これが熱帯アジアから沖縄まで分布しているイワサキタテハモドキ（ヘドニアタテハモドキ）であることがすぐわかった。飛び立つとかなり速く飛び滑空することもあって，同じような棲み場所にたくさんいるジャノメチョウ類とたやすく見分けられた（口絵写真65）。

　研究室の裏の垣根の外には野原が広がっていた。チガヤが高く生い茂り，ランタナの灌木に赤や黄色い小さな花が咲いているこの荒れ野を歩いていると，白っぽい中型のチョウが低く飛んでいるのがよく見られた。薄茶色で翅の外縁に沿って眼状紋が縦に並んでいるこのチョウは，色彩や模様を見ると一見日本のキマダラヒカゲの地色が褪(さ)めたような感じだったが，滑空するような飛び

写真 5-19 明るい草原にいるタテハモドキ3種。
ⓐ ハイイロタテハモドキ
ⓑ タテハモドキ
ⓒ アオタテハモドキ

5-8 多様な形と生き方 ── タテハチョウ

方がタテハチョウの仲間であることを示していた。これが沖縄でも採集されるハイイロタテハモドキであることを知ったのは，しばらく経ってからである（口絵写真67）。

しばらくして，同じ草原で，これは日本でも南九州・沖縄まで分布しているタテハモドキを見つけた。さらに濃い青色の美しいアオタテハモドキも採集したが，このアオタテハモドキは前の3種に比べてごく少なかった（口絵写真68, 69）。タテハモドキとアオタテハモドキは，日本のチョウの図鑑にも載っているのですぐにわかった。このタテハモドキ類の棲み場所を見ると，暗い木立の中で下草の上を低く飛んでいるイワサキタテハモドキと，明るく開けた草原で活動するハイイロタテハモドキなど3種とでは，はっきりとした違いがある（写真5-19）。ガド山の調査地では，イワサキタテハモドキと同じような，木陰の薄暗い場所で活動するクロタテハモドキ（イピタタテハモドキ）がいる（口絵写真66）。

ウル・ガド調査区にいる4種のタテハモドキは，亜熱帯から熱帯アジアに広く見られ，人が開いた耕地や村の周りにはごく普通のチョウだった。またガド山やシピサンの調査地にいるクロタテハモドキも合わせて，棲み場所選択や種間関係を取り上げる場合のよい研究材料となるだろう。このグループは一般に分布が非常に広く，文献などによればアオタテハモドキのように地域変異のかなり認められる種と，ハイイロタテハモドキのように広い範囲

タテハモドキ群の採集場所

	イワサキタテハモドキ	タテハモドキ	ハイイロタテハモドキ	アオタテハモドキ
草原	13	42	79	3
灌木	14	─	8	─
林床	38	─	─	─
林間	9	─	1	─
建物	1	─	─	─
♂	34	26	19	2
♀	55	16	69	1

に分布しながら変異のない種があって,東南アジアの環境の変化に伴う分布の拡大を示す点でも興味あるグループである。

5-8-2 リュウキュウミスジとミナミイチモンジ

研究室の庭で,ウスイロコノマとイワサキタテハモドキの2種と同じようによく目についたチョウはリュウキュウミスジだった(写真5-20)。その大きさや色彩あるいは飛び方は,日本のコミスジチョウとほとんど同じだった。採集してよく見ると,翅の形や模様にいくらかの違いがあって,コミスジとは別の種で熱帯アジアから沖縄まで分布しているリュウキュウミスジと判定した。このチョウは明るく開けた草原に多く,草の上や低い灌木の梢のあたりで小さく滑空するような飛び方で,研究室の庭や隣り合った草地の範囲を行き来していて,あまり遠くにはいかない。この場所に棲みついていると思われた。研究センターの庭やその周囲を一回りすると2〜3個体は見られることが多かったが,また1ヵ月ほど,まったく見られないこともあった(口絵写真70)。

半年が経ち,チョウの姿にも慣れてきた1996年1月に,私は研究室の庭のチガヤ草原で黒地に白い筋のあるチョウを見た。色彩や滑空することが多い飛び方はリュウキュウミスジに似ているが,大きくて裏面の明るい赤褐色が目立った。一度見つかると次々に数個体がほぼ同じ場所で見つかった。いつも草原の中の

写真 5-20 草原や山畑の周辺で低く滑空しているリュウキュウミスジ

10 m四方くらいの場所にいる。近寄ると飛び立っては半滑空状態で少し飛んで，また近くの草の上に降りる。1ヵ月ほどはいつも見かけるがそのうちに見えなくなる。こうした出現と没姿を繰り返した。調べるとこれが台湾などにも分布するシロミスジ，別名ミナミイチモンジであることがわかった（口絵写真71）。

　リュウキュウミスジとミナミイチモンジは，西スマトラの各地でかなり採集した。さらにガド山やシピサン村の調査地では，そのほかに多くの種のミスジチョウやイチモンジの類が活動していた。ガド山で4種，シピサンで5種採集している。山地や里山のミスジチョウやイチモンジチョウは，熱帯らしく鮮やかな色彩をしたものが多かった。なかでもミスジの白帯の部分がきれいな橙色をしたパラカキンミスジや，翅全体が藍色がかった黒の中にわずかに白帯が浮き出しているイリラミスジなど，個体数は多くはないが記憶に残る種が少なくない（口絵写真72, 73, 74）。これらの近似の種の生態の違いや種間関係は，幼虫の生態も含めて今後の興味ある問題であろう。

ミスジチョウ群の採集場所		
	リュウキュウミスジ	シロミスジ（ミナミイチモンジ）
草原	34	21
灌木	10	3
林床	1	1
林間	3	3
建物	—	1
♂	36	14
♀	23	15

5-8-3　タイワンキマダラとミナミヒョウモン類

　ウル・ガド調査区で，ミナミイチモンジのようにふだんは見られないが何ヵ月かおきに数個体が同時に見つかるチョウとしては，タイワンキマダラがある。この種はシピサンでは1年を通じて見られたが，ウル・ガドでは2〜3ヵ月おきに3〜4個体が引き

続いて見つかり，またいなくなった。この種は研究室の私の部屋の窓の前にある木立の中で，細い樹の幹や下枝に止まったり，小さく羽ばたいて飛んだりした。まったく滑空しない一見ジャノメチョウのようなその姿を見て，最初はタテハチョウとはわからなかった。この種は私の3調査区のいずれにも多く，まばらな木立を中心にいろいろな環境に適応した種らしい。どこにでもいてあまり特徴のない種だったので，特に強い印象は残っていない（口絵写真75）。

分類学的に，タイワンキマダラはヒョウモンチョウに近い種といわれる。しかし熱帯のヒョウモンチョウであるミナミヒョウモン類は，日本のヒョウモンチョウの名前のもととなった，黄色の地に黒い斑点を散らした模様はほとんどなく，全体が柿色がかった赤地に黒く縁取られた縦に長い翅と，強く羽ばたいて草地の上をかすめるような飛び方など，タイワンキマダラとかなり違った印象を受ける。日本のヒョウモンチョウ類とも違っている。ミナミヒョウモン類は西スマトラでは3調査区で1種ずつ3種を採集したがいずれも1個体で，各地で合計20個体以上採集できたタイワンキマダラに比べると，かなり稀な種として，その特徴ある形態や行動とともに記憶に残っている（口絵写真76）。

5-8-4 イナズマチョウ群

20年余り多雨熱帯の昆虫を研究していると，熱帯のチョウについて観察したり文献を読んだりして，いつの間にかおおまかな知識をもつようになる。しかしチョウを対象として調査を始めると，知らなかった熱帯のいろいろなチョウの存在に気がついた。イナズマチョウのグループもその一つである（写真5-21）。

ウル・ガド調査区でまず目についたのは，その1種，アコンティアイナズマである。真っ黒の体と尖がった三角形のやや小さい翅をもち，強く羽ばたいて真っすぐに飛ぶこの種は，日本のスミナガシを小さくしたような印象を受ける。私は初めて見るこのイ

5-8 多様な形と生き方 —— タテハチョウ

ナズマチョウという一群のチョウの，いかにもタテハチョウらしい俊敏で力強い姿に親しみを感じるようになった。よく注意すると，この種はふだんは目につきにくい高い梢の上にいることに気がついた。また小型で真っ黒いのが雄で，雌はやや大きく茶色がかった翅をしていることを知った。ウル・ガドの研究センターの庭には，この種より少し小型で濃い褐色の地に白くて太い縦帯模様のあるアドニアイナズマも時たま飛来した。これらの種は樹冠の上の目につきにくい場所に止まるので，飛来しても見落としたことがかなりあるだろう（口絵写真78, 79）。

イナズマチョウの仲間はガド山の調査区には多かった。大型で日本のオオムラサキに似た翅形で，紫色の幻色を現すディルテアオオイナズマや，黒い翅の下縁に水色の帯のあるヒメイナズマの1種など，記憶に残る種も多い。私には種名が判定できない種も含めて，ガド山の森では5種のイナズマチョウを採集できた。またシピサンでは2種採集している。イナズマチョウとよく似たヒメスミナガシも，ガド山では5個体採れている。しかし一方，ウル・ガド地区で採集されるアコンティアイナズマとアドニアイナズマの2種は，ガド山でもシピサンでもまったく採れなかった。環境によって生息する種がかなり違っているのかもしれない（写真5-22；口絵写真80）。

写真 5-21 疎林の高い梢に止まり，樹上をすばやく飛ぶモニナイナズマ

写真 5-22 林縁部などの灌木の木立の中で活動するヒメイナズマの1種

5-8-5 華麗な熱帯のタテハ ── リュウキュウムラサキ，ハレギチョウ，その他

　アジア熱帯から亜熱帯にかけて広く分布する大きなタテハチョウのリュウキュウムラサキを初めて採集したのは，調査開始から10ヵ月ほど経った1996年4月だった。その後も2～3月の間をおいて1個体ずつ採集できた。タテハチョウのなかでも際立って大きく，飛んでいるときは全体が黒っぽく見える。飛び方は速くて調査地の中を一直線に横切ることが多いが，時には灌木のランタナの花で吸蜜をすることもあり，そのときは前翅の赤紋と後翅の大きな白紋が鮮やかである。この種は幾つかの地方型が知られている。ウル・ガドで採集できたのはほとんどが赤紋のあるフィリピン型であるが，時には日本（琉球）にも分布する紫白斑型もあった（写真5-23）。これとよく似た小型のメスアカムラサキは，1996年5月に1個体だけ採集できた。

　ガド山などの山地に入ると，このリュウキュウムラサキなどはまったく見られなくなり，同じ属であるが紫色がかった褐色で翅の外縁に小さい白点が並んでいる地味なアノマムラサキが替わっ

写真 5-23　木立の上を活発に飛ぶリュウキュウムラサキ（紫白斑型）

写真 5-24　森林の林縁でまれに見られるベルナルダスフタオ

て出てくる (口絵写真9)。

　メスアカムラサキなどと同じく，カバマダラに擬態したような色彩と斑紋をもつハレギチョウの仲間は，ウル・ガドをはじめ各調査地で見られたが，個体数はあまり多くなかった。ハレギチョウはまばらな木立の間などを，ゆっくりと飛んでいる。

　私が西スマトラ各地で採集し，観察したタテハチョウ科では，これ以外にイシガキチョウ群，コノハチョウ群，フタオチョウ，ビロードタテハ，オナガタテハなどの特徴のある種があった。これらはウル・ガド地区よりもガド山地区やシピサン地区などの山がかった地域に多かった。これらが熱帯アジアの原植生の中ででき上がってきた種なのだろう (写真5-24)。

タイワンキマダラ, アコンティアイナズマ, リュウキュウムラサキの採集場所

	タイワンキマダラ	アコンティアイナズマ	リュウキュウムラサキ
草原	1	2	—
灌木	—	5	1
林床	—	3	—
林間	9	13	3
建物	—	2	1
♂	3	11	1
♀	7	16	4

5-9　森の薄闇の中で ——ワモンチョウ

　ワモンチョウ科は，アゲハチョウ科やタテハチョウ科と同じチョウ目の中の一つの科である。この科のチョウは日本にはいないうえに，暗褐色や赤褐色の地味な色調の翅をしていて目立たないので，日本では生物学の専門家でも知らない人が多い。

　私も，ワモンチョウといえば，台湾にいる大きな黄色いチョウを，台湾を含む昔の図鑑で知っているだけだった。このグループがどんな生活をしているのかまったく知らなかった。西スマトラでチョウの生態調査を開始したときには，アゲハチョウやタテハチョウのことは考えていたが，ワモンチョウのことは念頭にはな

かった。ガド山やシピサンの森の中で黒っぽい褐色の中型のチョウを採ったときも，少し変わったジャノメチョウ科の1種だろうと思った。いつも調査しているウル・ガドの研究センターの庭で，暗い茂みの下から大きな暗褐色のチョウが飛び出したときには，はじめはガの1種かと思った。ウル・ガド調査地では，それまでにアゲハチョウやマダラチョウ以外で，こんな大きなチョウは見たことがなかった。この大きなチョウがワモンチョウ科の1種で，フィデプスコウモリワモンという半夜行性のチョウであることを知ったとき，私は熱帯の昆虫の知らなかった一面に触れた気がした（口絵写真82）。

　この大きなチョウは，その採れ方でも特徴があった。暗い茂みの中にいることもあったが，普通は研究室の外壁に止まっていた。また，夜のうちに室内に入っていたりした。昼間は何かに追われて逃げるとき以外は飛ぶのを見たことがない。前日の夕方にはいなかった場所に次の日の早朝にとまっていたりするこのチョウは，薄明薄暮行動性あるいは夜行性と思われる。コウモリという名もそこからきているのだろう。色彩も全体が地味な暗褐色で，裏面に縦に走る何本かの青い縞模様がわずかな彩りとなっている。ウル・ガドでは個体数も少なく，採った個体はどれも翅がいくらか破れていて，ほとんど完全な個体は採れない。このフィデプスコウモリワモンはマレーシアの文献などではヤシの害虫となっており，東南アジアにかなり広く分布しているようである。

フィデプスコウモリワモンの採集場所			
草原	—	♂	8
灌木	—	♀	4
林床	2		
林間	5		
建物	5		

　ワモンチョウはウル・ガド調査区ではこの1種だけだが，ガド山やシピサン調査区では，キオビワモンやカネンスヒメワモンな

どの別の種も採集された。どの種も厚い樹冠に覆われたやや暗い林床の下草の中にいて，明るい所にはほとんど出てこない。暗い森の中に踏み込んだときに，下草や茂みの中から飛び出すことが多く，始めから飛翔しているのは見たことがない。いったん飛び出すとかなり速く飛ぶ。足元から突然に飛び出すために採集も難しくて，ガド山でもシピサンでも見つけても採集できなかった個体が多い。薄明・薄暮の活動時間以外は，混み合った草や灌木の茂みの中で休んでいるのであろう。いろいろな面でこのチョウが他の科のチョウに比べて，生活や行動がかなり違っていることをうかがわせる。

　私は西スマトラで3種のワモンチョウを採集した。ウル・ガドで1種，ガド山で1種，シピサンで2種である。普通の採集方法ではあまり採れないらしく，シピサンで私よりはるかに多くの調査労力を投入したアンダラス大学のシティさんたちの調査でも，ワモンチョウ科は3種しか採集していない。しかし文献ではスマトラから少なくとも20種以上が記録されており，場所によってはかなりたくさん採集した報告もある。われわれの調査地域でも，採集の時間帯を変えるなり調査方法を変えれば，より多くの種が採集できるのではなかろうか。今後の課題であろう (写真5-25)。

　セセリチョウ，シロチョウ，タテハチョウなどの熱帯で繁栄し

写真 5-25 里山の暗い下草中で活動するカネンスヒメワモン。昼間はほとんど飛翔しない

ているグループに比べると，ワモンチョウの類は種数は少ない。その生息密度もあまり高いものではないようである。成虫の行動にも，今のところ注目すべき特徴は知られていない。しかしこの科は，熱帯アジアの原生自然の一面を代表するグループの一つのように思われる。多分それは深い熱帯林に閉ざされていたこの地方の，暗い森陰にでき上がった複雑な生態系の一角を占めていたものだろう。あるいは鳥や樹上性の哺乳動物（サルやリスなど），爬虫類（ヘビ・トカゲ・ヤモリなど）の活動しない薄明・薄暮の時間帯を利用した生き方を開発して，進化してきたものではなかろうか。

この異色のチョウがどのような生態をもっているのか，それをさらに詳しく解明することは，熱帯の生物群集あるいは生態系の理解を進めるうえで，大切なヒントを提供するだろう。何かわれわれのこれまでのチョウの常識を越える生態や行動様式をもっているのではないかという，漠然としたものがこのチョウを見ていると私には感じられる。

5-10 熱帯アジア草原の末裔？——ホソチョウ

ホソチョウは普通タテハチョウ科に入れられるが，私の三つの調査区では採集されず，またその形や生態が一般のタテハチョウと非常に違うので，ここで別に取り上げる。

私が初めてホソチョウを見ることができたのは，1996年8月，南のジャンビ州の山地帯にあるクリンチ湖からの帰りに訪れた，高原湖のディバウを見下ろす海抜600mくらいの高台だった（写真5-26）。ここはちょっとした公園のような見晴らし台になっていて，東屋（あずまや）やベンチがあったがほとんど訪れる人もなく，薄曇りの空の下に熱帯とも思えないような肌寒い風が吹いていた。無人の広場の中央にある，休憩所を兼ねた茶店も閉まっていた。ただ，展望台のある芝生の周りにたくさんのコスモスが咲いていて，その花には，西スマトラ各地にごく普通のチョウ，ハイイロタテハ

5-10　熱帯アジア草原の末裔？──ホソチョウ

写真 5-26　高原湖ディバウ。急な斜面の谷底に暗い藍色の水をたたえた大きな湖は，いつ見ても不気味な印象だった。ディバウというのはインドネシア語で「下に」という意味で，近くにある湖ディアタス「上に」と対になっている

モドキやリュウキュウミスジと混じって，たくさんのホソチョウが訪れていた。網で追っても逃げようともしないで，ほとんど速度を変えないゆっくりした飛び方で，採ろうと思えばいくらでも採れるこのチョウは，滅びゆくものの弱さを示しているような感じがした。

　1科1属1種で，横長の丸い淡褐色の翅に黒い体をして，弱々しく草原や林縁を低く飛んでいるホソチョウは，西スマトラでもあまり見かけない（口絵写真81）。私が西スマトラに設置した三つの調査地点では，このチョウは1個体も採集できなかった。ただしシティさんたちアンダラス大学のチョウ研究グループは，シピサン村でわずか1個体ではあるが，この種を採集している。

　私が定期調査をしていたウル・ガドの原野や山林でも，このチョウはまったく見られなかった。私がホソチョウを観察したり採集したのは，すべて街から遠く離れた海抜500m以上の山地帯へ

の視察旅行の際である．特にチョウだけを目的としないで，いろいろな動植物の調査をしているときに，偶然のように見つかったり網に入ったものである．その場所はいずれも山地の森林の中に開けた狭い草地だった．そうしてさきに述べたディバウ湖の場合を除くと，いつも見つかったのは1個体だけだった．このチョウのふだんの生息密度が低いことが推測される．

　マレーシアやインドネシアの熱帯アジアの多雨地帯では，ほとんどの場合，原生植生は森林であり，草原はよほど土壌が痩せた荒れ地か，焼き畑などで人間が繰り返して利用したあとの放棄地にしか見当たらない．このような荒れ地の草原にはヨーロッパからの移入雑草や，アフリカや南米から侵入した灌木とともに，ホシボシキチョウなどの外来のチョウが侵入して栄えている．この外来の草原生態系に対して，私は多雨熱帯アジアでは，人間活動の影響のない所に，自然の草原生態系というものが成立しているかどうかを疑っていた．しかしホソチョウの生き方を見ると，このチョウは古くからあった自然の草原で進化してきた種ではないかと感じる．ホソチョウが非常に古い時代の乾燥地帯からの外来種でないとすれば，このホソチョウなどの本来の生息場所として多雨熱帯アジアにも原生の自然草原というものがあったのではないだろうか．

6

熱帯のチョウの四季

6-1 熱帯に四季はあるだろうか

　熱帯には春や夏のような季節があるのだろうか。これは私が熱帯の動物と自然の研究を始めてから，いつも頭の中にある疑問だった。

　日本ではその時々に咲く花と，活動するチョウの種に季節を感じることができる。ギフチョウなどのスプリング・エフェメラルに春の訪れを知る。クヌギなどの樹幹に樹液を吸いにくるオオムラサキやゴマダラチョウ，森陰を飛びすぎるクロアゲハ，カラスアゲハなどの黒色アゲハ類は夏の代表である。アサギマダラやルリタテハの出現に秋を感じる。鮮やかな四季の変化がある日本に比べて，いつも気温が高く寒い季節がない熱帯アジアでは，1年を通じてチョウの活動に変化は見られるのだろうか。

　熱帯といえば「暑い所」あるいは「常夏の国」と思っている人は多い。いつでも鮮やかな色彩の花々が咲き乱れ，大きくて美しいチョウが飛んでいると思っている。また，温帯では主に気温の変化に伴って四季が移り変わるのに対して，熱帯地方では雨季と乾季があって雨季には毎日激しい雨が降り，乾季には数ヵ月にわたってまったく雨が降らずに山野も町や村も乾ききってしまうと思っている人も多い。

熱帯雨林の破壊とその保全が世界的課題となって，熱帯林についての関心が高まるとともに，熱帯の自然の正確な知識が必要となってきた。なかでも1年中雨が降り大きな熱帯雨林が生育する多雨熱帯（湿潤熱帯）と，雨季と乾季がはっきりと現れるモンスーン熱帯あるいは乾燥熱帯のそれぞれの自然環境をよく知ることが大切である。

　西スマトラはインド洋に面した赤道直下にあり，代表的なアジア多雨熱帯地域である。ここで生物界の1年間の季節変化がどのように現れるのかを，昆虫の発生消長を通じて観察してみたいというのが，私の熱帯研究の目標の一つだった。これは短期間の断片的な観察ではできないが，幸いに1995年から2年間の滞在の間に，多雨熱帯アジアの1年を通しての自然の移り変わりを見ることができた。

　近年，熱帯雨林という言葉がよく新聞・雑誌に見られる。tropical rain forestの訳語であり，巨大なフタバガキ（ラワン）の大木をはじめ何層もの樹冠が重なり合って，その下は昼なお暗い森林というイメージがある。

　tropical rain forestの訳語は，初めは熱帯降雨林とされた。それが熱帯多雨林となり，次いで熱帯雨林と略してよばれるようになった。この熱帯雨林の生育する地域を多雨熱帯もしくは湿潤熱帯という。wet tropicsの訳語である。

　ここでいっておかなければならないが，多雨熱帯地域は人が撹乱しない限りすべて熱帯雨林に覆われているかといえば，そうではない。森林の定義をする人によって見方が違っていることもあるが，おおまかに見て四つのタイプの原生林がある。海岸から海抜1500mくらいの山地にかけて，マングローブ林，低湿地林，熱帯雨林，雲霧林と並んでいる。熱帯林といえばこのすべてをさし，熱帯雨林といえばこのうちの一つのタイプをさす場合が多い。だから熱帯雨林の保護といえば，正確には上記の4タイプのすべて，つまり熱帯林全体の保護でなければならない。熱帯に季節が

あるのかないのか，あるとすればどのような形で生物の生活あるいは生態系の動きに反映しているのか，それはこの多雨熱帯の全体を対象としている．

インドネシアのスマトラ西海岸（インド洋岸）のパダンは南緯0.5度，年降水量6000 mmを越える代表的な多雨熱帯地域である．私が今度の仕事でパダンに2年間は滞在することが決まったとき，まず考えたのはこの多雨熱帯の代表的な地域において，1年を単位とする生物季節が存在するのかどうか，もし存在するとすればそれが生態系の成り立ちと動きにどのようにかかわっているかということを，自分の手でいくらかでも明らかにしたいということであった．

もちろん，現在は熱帯各地でも人々の社会生活は世界共通のカレンダーによって営まれている．公的には太陽暦により，また日常生活ではイスラム暦や農暦（太陰暦）により現地の社会は動いている．人々は新しい年の始まりや，役所，会社あるいは農作業，漁業その他の仕事と町や村の行事を公的と宗教・慣習的の二つの暦を併用して暮らしている．会社や学校では太陽暦で仕事をしな

写真 6-1 実が熟する季節になれば道端でたくさん売られるドリアン

がら，同時に旧暦で盆暮れやお彼岸などの行事をしている日本の町や村の生活と同じである。しかし雨季と乾季がはっきりしない多雨熱帯では，自然の動き，特に動植物の活動が暦と同様に1年を単位とした周期的なものであるかどうかは，わかっているようで実はわかっていない。ここでは，この熱帯の生物季節を問題としたい。

もちろん，感覚的に季節のような現象は知られている。ここで暮らすとよくわかるのは，例えばドリアンやマンゴスチンなど幾つかの果物の出回る時期である。これは大体1年のうちの決まった2～3ヵ月の間に市場や道路脇で多量に売り出される（写真6-1）。バナナのように，いつでも市場にある果物とは違う。

インドネシア語（マレー語）には四季を表す言葉がある。

minum bunga	花の時期
minum panas	暑い時期
minum gugur (minim rontok)	落ちる時期
minum dingin	寒い時期

（minumは時，時期，時代を表す単語）

しかし，この言葉の意味からもわかるように，これらの言葉は近代になって誰かが，温帯の四季に合わせて作ったように感じられる。多雨熱帯の土地の自然界の春，夏，秋，冬の姿を表してはいない。この言葉が，温帯の国々との交流が少なかった昔から熱帯の地にあったかどうか，私はいつも疑っている。

熱帯におけるいろいろな経験からも，多雨熱帯地域にはっきりした季節があるかどうか私にはよくわからない。まして熱帯の自然環境と動植物あるいは生態系が，1年を単位とした決まった動きを示す時間的構造をもっているかどうかも，確かにはわかっていないように思われる。

6-2 熱帯の環境条件の年変化

季節変化を考える場合，幾つかの自然現象の1年を周期とした

変化を思い浮かべる。その第一が温度（主に気温）であり，第二が日長（1日の昼あるいは夜の長さ）であろう。乾燥地域では降雨，寒冷地域では降雪などの変化が重要になる。

多雨熱帯における気温と降水量の周年変化については多くのデータがある。これは毎年のデータと長年月の平均とがあるが，長年月（普通30年）の平均は，理科年表にも出ている。毎年刊行されるインドネシア統計書（Statistik Indonesia, Boro Pusat Statistik―BP―Jakarta）にも，公刊の前の年のインドネシア各地の最高最低気温，大気相対湿度，降水量，風速の月平均値が出ている。

これらによれば，パダンでは気温，大気湿度は1年を通じて大きな変化はなく，また降水量は最高の月が最低の月の2倍くらいになっているものの，年間を通じて相当量の降雨（最低の月でも300mm以上）があり，動植物の生活には十分であろう。

統計資料だけでなく私自身が調べた気温でも，1995年8月から1996年7月までの最高最低気温にはほとんど変化はない（図6-1）。またこのデータでもわかるように，多雨熱帯の気温は1年を通じて日本の真夏の気温よりはかなり低い。朝の6時半の気温が20℃前後というのは西南日本の夏よりもかなり涼しい状態である。熱帯の高原は涼しくて人間にとって好適な気候であることはよく知られているが，パダンのような海岸の低地でも気温は決して高くはない。もちろん熱帯の地が暑くはないというのではない。晴れた日の昼間の直射日光の下では40℃を越えることも普通である。

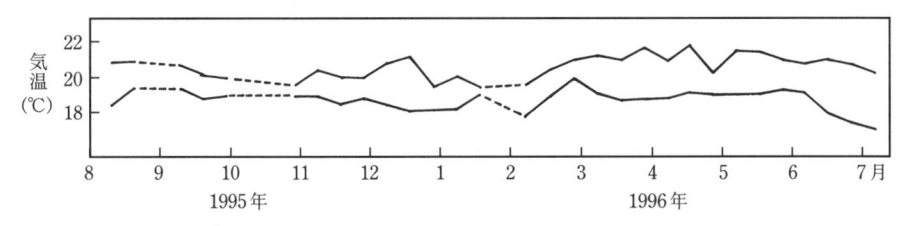

図6-1 パダンにおける朝の気温の年変化。自宅の庭で測定。午前6時30分，各10日間の最高，最低温度

日陰の気温の日変化を見ても1日の温度較差は20℃を越えており，日平均気温の1年を通じての温度較差よりもはるかに大きい。これはすでに100年以上前にウォーレスもいっているように，熱帯の気候の特徴といってもよい。

6-3 日長と生物季節

次に生物の季節現象をコントロールする要因として最も重要と考えられている日長（1日のうちの明るい時間の長さ）について考えてみよう。

熱帯では動植物の季節変化があまり認められないとされる理由として，気温の変化が小さいことと同時に，あるいはそれ以上に日長が1年を通じて大きな変化をしないため，熱帯の動植物はその小さな変化を感受できないか，あるいはこの日長感受性が進化しなかったのではないかと考えられてきた。

それに対して近年，熱帯生物特に昆虫を材料として研究が進められ，熱帯の昆虫にも日の長さ（あるいは夜の長さ）を感知し，反応する能力をもっている例が相次いで発見され，さらに熱帯の小さい日長較差（1年のうちの最長日と最短日の差が1時間以内）を感知しうることがわかった。これは，主に室内実験で熱帯の昆虫に長・短日処理をすることで見い出された。これによって，多雨熱帯においても昆虫は1年のうちの特定の時期に変態，性成熟，移動などの季節現象を起こしうることが認められるようになった。

しかし，ここで次のことを考えなければならない。熱帯の動植物が日長較差を感受し反応する能力をもっていることと，それによって多雨熱帯でも動植物は1年を単位とした生理・生態的カレンダーをもち，熱帯の生物群集あるいは生態系が1年を単位とした時間的構造をもって動いているとは断定できないことである。そこにいる動植物が日長感受性をもっているから，熱帯の生態系が1年を単位とした時間的構造をもっているとはいえない。例え

ば寒冷地—極北や極南—あるいは高山地帯の昆虫が日長に反応する能力をもちながら，生息地の低温によって発育が抑えられて，1世代に2年以上を要することがあるのと同じである．

　さらに問題がある．それは熱帯の昆虫がどのようにしてその生活の場で日長較差を感受するかということ，つまりその地域の一般的日長ではなく，生活する個々の虫が感じる日長の問題である．

　私は今回はパダンで具体的な記録のなかった日の出から日没までの長さの年変化を記録することを考えた．元来その土地の日長は太陽の公転と地球の自転との関係で決まるから，容易に算出することができる．しかしそれをその土地に生育している動植物の実際に感受している日長と考えてよいのであろうか．

　私は日長を記録する方法をいろいろと考えたが，日の出と日没を確認して明るい時間の全体を記録することは個人としては難しいので，日の出の位置と時刻が1年のうちにどのように変化するかを記録することとした（口絵写真87）．

　私は毎日，フランボヤン通りにある自宅の2階のベランダの一定の位置に立ち，東のバリサン山脈の稜線上に太陽が出現する時刻と位置を記録した．日の出は太陽の上端が稜線の上に明るい輝点となって見えた時刻で記録した．太陽全体が稜線を離れるのは，位置にもよるがほぼ1分間かかる．稜線上に太陽が出る時刻は，雲がかかったり煙（特に焼き畑の煙）のためにぼやけて日の出の瞬間の確認が難しいので，記録は30秒単位でとった．ここに述べるのは1995年8月1日から1996年7月31日までの1年間の記録である．この期間に1日の長さとともに太陽の出る位置も変化して，高くそびえるガド山の南に遠く見えるタラン山よりも南の低い地平から，タラン山，ガド山のピークをすぎて，ガド山の北にある谷間まで移動した．

　このようにして記録された日の出の時刻は図6-2のようになる．ここでは太陽はインド洋の水平線に沈むが，日没を観測する

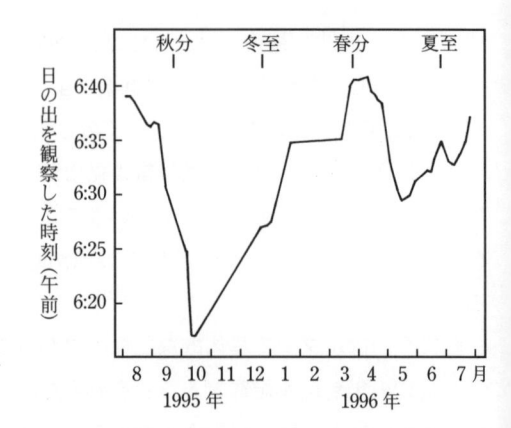

図 6-2 パダンで観測した日の出の時刻の年変化

よい観察点がないことと，夕方は水蒸気のために太陽の輪郭がぼやけて本当の日没時刻がわかりにくいので記録していない（口絵写真88）。

このようにして実際に観察してみると，地球と太陽の関係で正確に決まっているはずの日の出時刻は地形の関係でかなり乱れてくることがわかる。

まず結果からいうと

(1) 日の出時刻が最も早かったのは1995年10月10日の6時16分30秒（インドネシア西部時間），最も遅かったのは1996年3月6日から10日にかけての6時45分で，1年間の最大の日の出時刻の差は29分30秒であった。

(2) 日の出時刻の変化は，1年間に2回の山と谷をもつ。

(3) 多雨地帯のために稜線が雲に包まれていることが多く，稜線上の日の出を確認できたのは，1年間の総観察日数260日のうち52日（20％）であった。

私の記録から，もし日没時刻の変化もこれに比例するものとすれば，赤道直下に近いパダンでも1年のうちに1時間弱の日長較差を生じる可能性はある。ただし

(1) 日の出時刻は地形により大きく影響される。日の出の位置が山の高い部分にかかると数分あるいはそれ以上遅くなる。バリ

サン山脈から20km以上離れた平地のパダン市街でこうであるから，山の近くで陰になる場所ではさらに影響が大きいだろう。

(2) 稜線から直接に太陽が出る日はあまり多くない。多雨熱帯地方では曇天や雨の日が多く，また上空は晴れていても山の稜線上には雲がかかっていて，日の出が遅れることが多い。稜線から地上に日光が直射するのは1年のうち20％(5日に1日)しかない。

もし日長を太陽光線の直射を受けた時間の長さあるいは一定の明るさ(またはその逆に一定の暗さ)にさらされた時間とすれば，それは地形や天候に大きく左右されて，熱帯のようにもともと日長の変化が少ない所では，季節の有効な指標とはならないのではないか。たとえ光感受性が鋭敏な動植物で，数十ルックス程度のわずかな明るさで光周期反応を引き起こすのに十分であるとしても，それが動植物の光受容器に達する際に，厚い雲や日光を遮る地形や地物など環境の影響を受けて，個々の動植物が光を受ける時間は，太陽と地球上の位置関係に正確に対応するとはいえないだろう。

ここに生物季節と日長の一つの問題がある。

以上のこととは別に，この観察から，赤道直下の多雨熱帯の気候について次のようなことがいえるだろう。

(1) 日照時間が1年を通じてあまり大きな変化をしないために，地表に供給される太陽エネルギー量は，1年間を累積すれば非常に大きなものになるが，1日だけのエネルギー量を比べると温帯の夏よりも少ない時期もある。

(2) さらに，温帯の夏に比べて日照時間が短いことや，地形の凹凸，雲の多いこと，深い森林などから，多雨熱帯ではたとえ太陽光線の入射角度が温帯より大であっても，地表に達する1日あたりの太陽エネルギー量は温帯の夏より少ない場合もあると思われる。

以上のことは，多雨熱帯が必ずしも酷暑の地でないことを示す。多雨熱帯は温帯の感覚からいって常夏の国ではなくて「冬のない

国」なのである。

6-4　多雨熱帯の生物季節

多雨熱帯の代表的な地であるパダンでは

(1) 気温は年中ほとんど一定で（日較差のほうが大きい）ある。

(2) 降水量は，最高月は最低月の2倍程度になるが，最低月でも動植物の活動に十分の降水はある。

(3) 日長は，1年のうちの最長と最短の間に1時間程度の差がある。年2回の山と谷をもつ。しかし1年の0％は稜線上あるいは全天が雲に覆われていて，実際の日照時間は計算上よりも短い。

このような条件からみて，近年の研究が明らかにしているように熱帯の生物に日長較差を感受し反応する能力があるとしても，それがいつも正常に発現するだろうか。多雨熱帯では1年を単位とする周期的な生物季節現象は存在しないか，もし存在するとすれば非常にルーズな形で現れる可能性が強いように思われる。

こうした熱帯の条件のもとで1年を単位とした生物季節現象が発現するとすれば，次のいずれかではなかろうか。

(1) 種個体の体内に，1年という周期が遺伝的に組み込まれているか。

(2) 生物群集もしくは生態系の内部構造として存在する自律的周期変動が，どこかで環境の変化（特に日長の微妙な規則的変化）と相互調節して，年単位の変動現象となって現れるのか。

(3) 安定した環境内で起こる寄主−寄生者の数の変動のような生物同士の相互作用による周期変動が1年単位で起こっているか。

現在，私は多雨熱帯アジアの1年を単位とした生物の季節現象は，温帯のようにハッキリと生態系全体の動きを支配しているのではなく，かなりルーズな形で現れるのではないかと思っている。庭や野山の草や樹の花を見ても同一種の花がほとんど1年中開花し，一方，同時に開花している花の数は決して多くない。草はいつでも芽ぶき伸びて，一定の日数が経つと穂を出す。水稲の場合

も同じであり，農村では農家同士の話し合いで村や地区ごとに作付けの時期を決めている。

　ネコはいつも恋をしている。私が自宅の近所で観察したところ，同じ雌が1年に3回以上子ネコを育てていた。子ネコの成長は早く，3ヵ月も経たないうちに一人立ちの生活に入るらしい。日本のように母子のネコが連れ立って歩いている姿はほとんど見ない。日本では雌の子ネコは1年近く母と同居し，次の恋の季節に母と別れる。熱帯では母ネコと子ネコの同居する期間がごく短いから，母ネコが子ネコを教育する期間は短く，ネコの家系の中の文化的伝承はほとんどないだろう。

6-5　チョウの季節型について

　熱帯の季節を考える資料として，私の集めたチョウの季節型についてのデータの一部をここでまとめて述べよう。

　暖温帯・亜熱帯から熱帯にかけて分布するチョウのなかに季節型のあるものが幾つか知られている。そのなかで沖縄や台湾で季節型が現れている3種について述べる。

6-5-1　ウスキシロチョウ

　ウスキシロチョウは大型のシロチョウの1種で，沖縄・台湾から東南アジアに広く分布し，時には日本本土にも飛来することがある。

　この種には，翅の裏面の模様からムモン型とギンモン型の2型がある（口絵写真83, 84）。沖縄・台湾においてはこの2型の出現する季節が異なり，夏型がムモン型，秋型がギンモン型として，季節型とされている。幼虫を長日条件で飼育するとムモン型となり，短日条件で飼育するとギンモン型となることが実験的に証明されていた。その後北ボルネオでこの両型が同じ季節に採集されることが報告され，熱帯における発生機構には亜熱帯と違った問題があることが推測されていた。私はパダンにおけるチョウの周

表6-1 ウスキシロチョウの2型の発生時期

採集月	1995年 11	12	1996年 1	2	3	4	5	6	7	8	9	10
ムモン型	4	7	5	3	6	3	1	2	3	1	3	3
ギンモン型		1	1		1	2	5		2		2	4

年採集で,赤道直下でもやはりこの両型が混在することを認めた。この周年採集の結果は表6-1のとおりである。

　これで見るとムモン型(長日型)はほぼ周年にわたって採集されており,ギンモン型は,数は少ないが4,5月と9,10月にやや多く採集されているが,はっきりした傾向は認められない。さきの日の出の記録ではここで最も日長が短かったのは10,11月と5,6月であり,幼虫の光感受期を確かめなければ言い切れないが,必ずしもこのギンモン型の発生とハッキリとは結び付かないように思われる。

6-5-2　ウスイロコノマチョウ

　ウスイロコノマチョウ(略してウスイロコノマ)は大型のジャノメチョウの1種で(口絵写真3, 85, 86),これも沖縄から東南アジアに広く分布する。この種も台湾の北・中部では翅の形と模様によって夏型と秋型に分けられ,季節を違えて出現することが知られている。この変異については長日処理・短日処理の実験はなく,経験的に秋型は乾燥期によく現れるとして,雨季型と乾季型に分ける研究者もある。また台湾でも,南部では両型は同じ時期に出ることもあるといわれる。

　この変異はいろいろな形質について連続的に現れるためにウスキシロチョウの場合のようにはっきりとは分けられないが,比較的はっきりした特徴として雄・雌ともに翅の裏面にある眼状紋(いわゆる蛇の目模様)が夏型では前翅に1〜3個,後翅に5〜8個現れるのに,秋型ではこれが減少して,極端な場合はほとんど

6-5 チョウの季節型について

表6-2 ウスイロコノマチョウの4型の発生時期

採集月	11	12	1	2	3	4	5	6	7	8	9	10
		1995年					1996年					
1型						1			1	1	1	2
2型		1		1	3		3	1	2			
3型			1			1		1	1	3	2	
4型		1	3		2	3	4			3	2	3

表6-3 ウスイロコノマチョウの雨季型と乾季型の発生時期

採集月	11	12	1	2	3	4	5	6	7	8	9	10
1・2型（秋型）	1				1	4		3	2	3	1	2
3・4型（夏型）		1	4		2	4	4	1	4	5	5	

認められない。

この眼状紋を目印として

(1) 眼状紋がまったく認められないもの（代表的な秋型）。
(2) 眼状紋が白い斑点として2～3個認められるもの。
(3) 少数の不鮮明な眼状紋があるもの。
(4) 黄色輪に縁取られた鮮明な眼状紋があるもの（代表的な夏型）。

の4グループに分けて，それぞれの月別の採集個体数を示したのが表6-2である。

これを1, 2型を秋型（乾季型），3, 4型を夏型（雨季型）として2タイプにまとめてみると表6-3になる。

全体として雨季型（夏型）が多いが，どの型も1年中いつでも出現しており，眼状紋がまったく認められない完全な秋型（乾季型）の出る時期がやや限られているようだが，はっきりとはしない。

6-5-3 タテハモドキ

日本でも九州南部に定着しているタテハモドキは，赤い翅の裏表に大きな眼状紋をもつ中型のタテハチョウである（図6-3）。沖縄や九州では，秋に発生する個体はこの裏面の眼状紋が消えて，

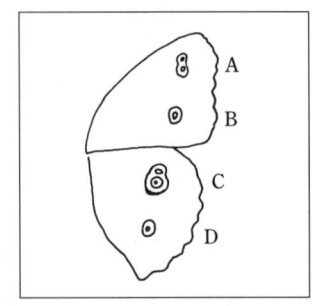

図 6-3 タテハモドキの翅。裏面の眼状紋 (A, B, C, Dはタイプ分けのために斑紋につけた記号)

　一見コノハチョウのような色彩になる。私はウル・ガド調査区で採集した42個体について，この裏面の眼状紋を調べてみた。この地区のタテハモドキはどれも裏面に眼状紋があるが，その状態がいくらか違っている個体がある。特に前翅の前のほうにある小さな眼状紋2個は変異が多く，これが小さくて不鮮明な個体はその他の眼状紋も小さい傾向があった。これが秋型に近いとは言い切れないが，典型的な夏型から離れているといえよう。タテハモドキの裏面にある眼状紋四つ（一番前の小さな2個は一つとする）を前からABCDと記号を付けて，各個体を以下の3タイプに分けてみた。

　タイプ1：すべての眼状紋が大きくて鮮明。
　タイプ2：いずれかの眼状紋がやや小さくて不鮮明。
　タイプ3：紋Aが特に小さく，全体に不鮮明。

　このタイプ分けに従って，ここで採集できた42個体を分けてみると，表6-4のようになる。表を見ると，タイプ3の2個体を除いて，すべての個体がタイプ1であった。つまり大多数が夏型ということになる。

　タイプ3の2個体は1996年6月と1997年4月に採集された。この時期はタテハモドキが比較的多く採集された時期であるが，同時に採集された他の個体はすべてタイプ1であった。したがってパダンにおけるタテハモドキの斑紋の変異は季節の影響とは考えにくい。なおウル・ガド地区以外の西スマトラ各地で採集したタ

表6-4 タテハモドキの斑紋から見た各タイプの個体数

タイプ	1	2	3
♂	24	—	2
♀	16	—	—
計	40	—	2

テハモドキでも，沖縄などで見られるような枯葉状の裏面をした個体はなかった。

　このようにモンスーン地帯で秋または乾燥期に発生する型が，日長の変化が少なくいつも雨季といってもよい多雨熱帯でも，数はやや少ないが出現していることは，これらの出現を決める要因がモンスーン地帯あるいは乾燥地帯と違っている可能性を想像させる。多雨熱帯においては日長あるいは乾燥といった，これまでに知られている生物季節をコントロールする比較的単純な要因がそのままには機能せず，もっと別に生物の発育を規制する複雑な要因群があって，温帯あるいは亜熱帯の季節とは別の原理で生態系が動いていることを暗示しているように思われる。

　熱帯の生物の光環境や温湿度環境は場所的に大きく異なっている。山陰の暗い谷間と明るい平野，熱帯雨林の林床と樹冠部，こうしたさまざまな環境の中で生きている動植物は，たとえ日長や乾燥に反応する生理的性質をもっていても，それを基礎にして1年を単位とした生態系の規則的変動が行われているとは言い切れないのではなかろうか。

6-6　チョウ群集の年変動

　「常夏の国」といわれる多雨熱帯で，温帯の春夏秋冬のような1年を分ける季節があるのか，あるとすればどんな形で現れるのかということを，まず気温や降雨，日長などの変化からと，3種のチョウの季節型の出現状況から検討してみた。その結果，温帯のような明らかな季節は認められなかった。

さらに，チョウ群集全体の1年を通じての変化を取り上げてみよう。1995年7月から1997年4月までの22ヵ月間，赤道直下の西スマトラ州パダン市郊外のウル・ガド地区で行ったチョウ成虫の定期採集のデータから，私はこの代表的な多雨熱帯地域でのチョウ群集の動きを記録することができた。

この22ヵ月間に，調査区としたスマトラ自然研究センターの庭で採集できたチョウは83種，3377個体であった。この採集と記録のとり方は，第3章に詳しく述べたとおりである。このデータをもとに，1年のチョウ成虫の種数の変化と，時期によって採集できるチョウの種が変わっているかどうかを調べた。日本ではこのような調査は，チョウの種相を環境指標とする試みが近年になって広く普及してから多く行われている。日本では当たり前のことだが，冬に見られるチョウ（成虫で越冬していて暖かい日などには活動するチョウ）の種は少なく，春から秋にかけて多くの

表6-5 ウル・ガド調査区におけるチョウ各科の月別採集種数の変動

年		1995					1996			
月	7	8	9	10	11	12	1	2	3	4	5
セセリチョウ科	2	5	5	5	5	9	9	7	6	10	10
アゲハチョウ科	1	1	—	2	1	2	3	2	6	5	5
シロチョウ科	3	4	3	4	2	6	10	10	9	10	10
シジミチョウ科	1	—	3	1	—	4	3	2	3	2	4
マダラチョウ科	—	1	1	1	1	3	2	2	3	3	1
タテハチョウ科	3	2	4	2	1	4	6	6	7	7	9
ジャノメチョウ科	4	6	7	2	3	5	4	4	8	7	7
ワモンチョウ科	—	1	1	—	—	1	—	—	—	—	1

年		1996					1997		
月	6	7	8	9	10	12	1	2	3	4
セセリチョウ科	5	6	7	9	10	14	14	11	12	12
アゲハチョウ科	5	5	3	5	3	4	4	4	4	4
シロチョウ科	9	9	9	9	7	9	10	10	10	10
シジミチョウ科	2	2	6	4	5	7	6	4	3	7
マダラチョウ科	1	1	1	2	—	2	6	4	3	3
タテハチョウ科	7	6	7	7	7	6	6	6	7	7
ジャノメチョウ科	6	7	7	6	7	6	7	6	7	6
ワモンチョウ科	—	—	—	1	—	1	1	—	1	—

6-6 チョウ群集の年変動

種のチョウが出てくる。冬でも気温が高くて昆虫の活動が盛んな沖縄でも，この傾向は基本的には変わらない。

1995年7月から1997年4月までの毎月，ウル・ガド調査区で採集できたチョウの，科ごとの種数とその年間の消長を表6-5に示した。またこの採集種数と採集個体数をあわせて示したのが図6-4である。図にはこの地域の多雨期（温度も高いことが多いので高温多雨期とした）も記入しておいた。最初の5ヵ月は，私が研究センターの管理運営を軌道に乗せたり，研究室の各部屋の模様替えや利用システムを整備するのに時間がかかったのと，熱帯のチョウの採集に慣れなかったことで，信頼性がやや低い。調査結果の信頼性が高くなった1995年の12月以降のデータを見ると，各月あたりの採集種数が，異例に少なかった1997年2月の25種を除いてほぼ35種から50種の間にあり，季節変化らしいものは見られない。一般に西スマトラでは12月から3月までは多雨期，その他の時期は少雨期とされている。多雨期の各月の採集種数は平均で39.4種（1997年2月を除くと41.4種）であり，少雨期の平均が42.9種であって，ほとんど違いはない。1年間を通じていつ

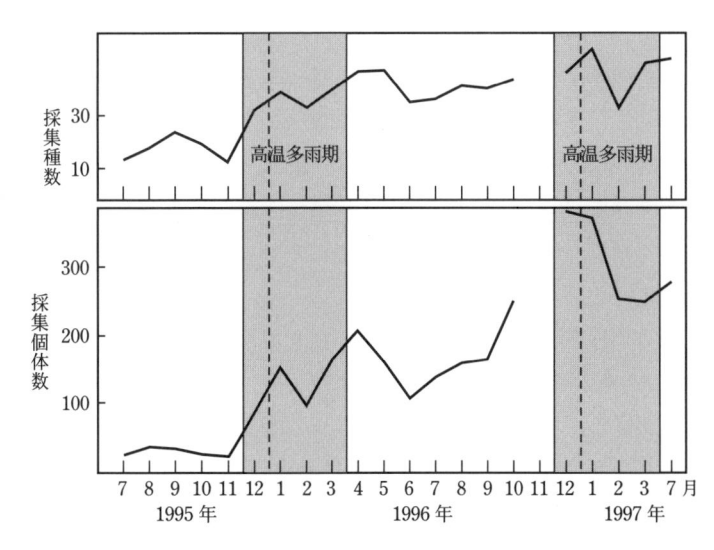

図6-4 ウル・ガド調査区におけるチョウの総種数と総個体数の消長

も40種前後のチョウが見られる。

6-7　各種のチョウの個体数の年間変動

　前節ではウル・ガド調査区で観察できたチョウ群集全体の年間の変動を見たが，次に個々の種について1年を通じての活動個体数の変動を調べてみよう。

　この場合，採集個体数があまり少ないものは，たまたま1,2個体が採れると記録のうえでは大きく変化するので，採集個体数の少ない稀な種を除いて（稀な種も別の面では大切であるが），この調査期間に10個体以上採れた50種について，各種の発生消長を調べた。その結果，発生消長が以下の三つのタイプに分けられることがわかった。

　(1) 1年を通じて，いつでもある程度以上の個体数が見かけられた種。

　(2) 1年を通じて見られるが，活動個体数にかなりの増減が見られる種。

　(3) ある時期だけに活動が見られる種。

　これらの種のなかで発生あるいは活動に季節性が認められるとすれば(2)か(3)で，その活動のピークあるいは出現が暦のうえの1年のある時期に決まっているものであろう。まずこの調査期間に非常に多く（100個体以上）採集できた6種について，その消長を図6-5にまとめた。調査精度がほぼ安定した1995年12月以後の消長を見ると，この6種は1年中ほぼ途切れることなく採集されており，種によっては多少の数の増減はあるが，あまり著しい変化はない。

　一方，ある時期だけに見られる6種を取り上げて示したのが図6-6である。これを見ると，種によって発生時期が決まっている感じがする。特にヤシセセリ，ベニモンシロチョウ，ブルガリスヒメゴマダラなどは多雨期を中心に活動しているように見える。ここにいる2種のカザリシロチョウ類（アカネシロチョウとベニ

6-7 各種のチョウの個体数の年間変動　　167

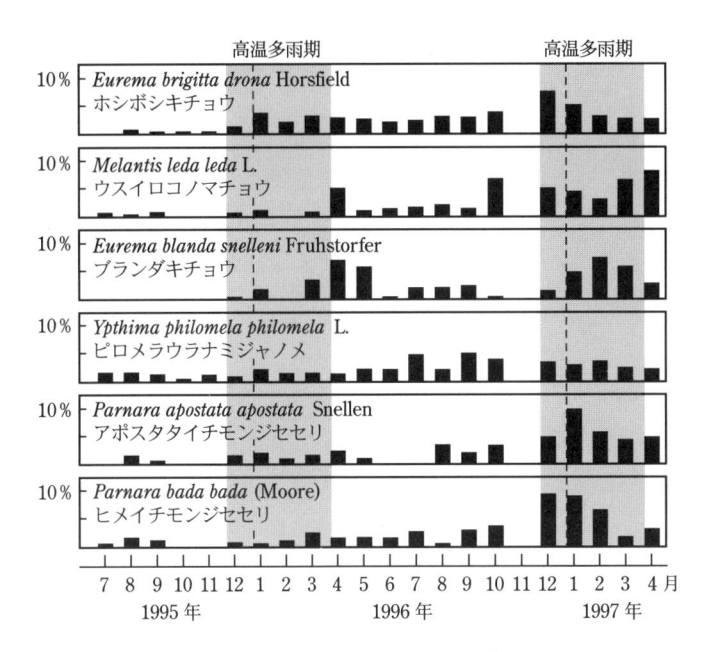

図 6-5 ウル・ガド調査区で特に多い 6 種のチョウの個体数の消長。種によって総採集個体数が違うので，各種の調査期間中の総採集数に対する毎月の採集数の％で示す

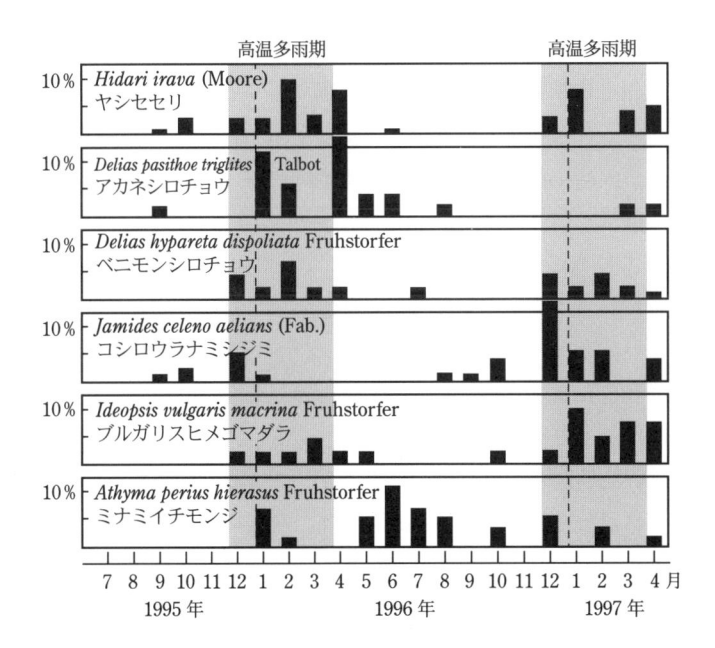

図 6-6 ウル・ガド調査区で，一年のほぼ決まった時期に出てくる 6 種の個体数の消長（表示は図 6-5 に同じ）

モンシロチョウ)もこの時期に集中して採集されるのも興味深い。多雨期に多い5種に対してミナミイチモンジ(シロミスジ)だけが少雨期に出ているのも注意をひく。

しかしこれらの種も1年の特定の時期だけでなく，その他の時期にもいくらかは採集されている。日本における早春のギフチョウや初夏のウスバアゲハなどのように，はっきりした発生時期が決まっているものはない。

またここで多雨期とか少雨期といっても，実際には年によって大きく変わっており，長年月にわたる統計をとると年々の降雨時期のずれがかなりならされてくる。もう少し長い年月のデータをとらないと断定できないが，チョウの発生が1年のある時期に規則正しく対応しているのか，その年の気象に対応しているのかわからない。

ここで少し見方を変えて，このウル・ガド地区で活動している近縁種3〜4種の活動時期がどのようになっているかを検討してみよう。つまり近縁種の間で活動時期のずれあるいは時期的棲み分けがあるかどうかである。この地区で活動している個体数が多い三つの近縁種群としてウスキシロチョウ群，タテハモドキ群，コジャノメ群をここで取り上げてみた(図6-7, 6-8)。

これを見ると同じ種群に属する形態的によく似た3〜4種の活動時期はほとんど重なり合っていて，時期的なずれは見られない。というよりもこれらの種はほとんど1年中いつでも活動していて，特に決まった時期だけに活動するという種はないといったほうがよい。前の章でも述べたように，タテハモドキ群を除いては，この各種群に属する3〜4種は活動場所もよく似ていて，いわゆる空間的棲み分けの関係は見られない。今後，幼虫の生育場所や食草などを検討しなければならないが，こうした同位種の間の関係がどうなっているのか，それは温帯と熱帯の動植物の群集構造を知るうえでの，一つの注目点となるのではなかろうか。

発生時期あるいは活動時期を個体数の変動の面から見ても，多

6-7 各種のチョウの個体数の年間変動

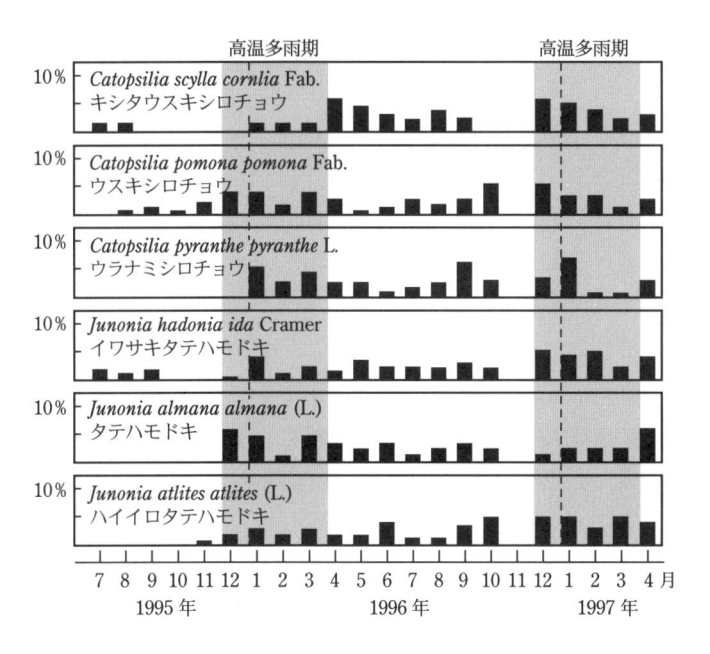

高温多雨期／高温多雨期

10% *Catopsilia scylla cornlia* Fab.
キシタウスキシロチョウ

10% *Catopsilia pomona pomona* Fab.
ウスキシロチョウ

10% *Catopsilia pyranthe pyranthe* L.
ウラナミシロチョウ

10% *Junonia hadonia ida* Cramer
イワサキタテハモドキ

10% *Junonia almana almana* (L.)
タテハモドキ

10% *Junonia atlites atlites* (L.)
ハイイロタテハモドキ

7 8 9 10 11 12 1 2 3 4 5 6 7 8 9 10 11 12 1 2 3 4 月
1995年　　　　　　1996年　　　　　　1997年

図6-7 ウル・ガド調査区で活動する近縁種群に属する各種の個体数の消長（1）ウスキシロチョウ群，タテハモドキ群（表示は図6-5に同じ）

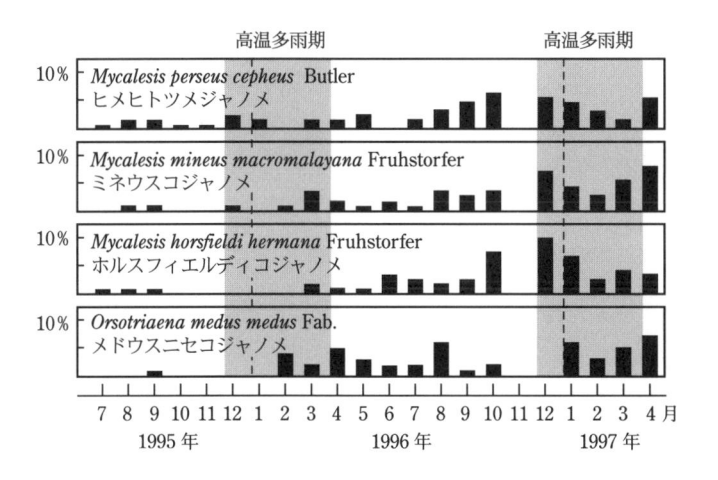

高温多雨期／高温多雨期

10% *Mycalesis perseus cepheus* Butler
ヒメヒトツメジャノメ

10% *Mycalesis mineus macromalayana* Fruhstorfer
ミネウスコジャノメ

10% *Mycalesis horsfieldi hermana* Fruhstorfer
ホルスフィエルディコジャノメ

10% *Orsotriaena medus medus* Fab.
メドスニセコジャノメ

7 8 9 10 11 12 1 2 3 4 5 6 7 8 9 10 11 12 1 2 3 4 月
1995年　　　　　　1996年　　　　　　1997年

図6-8 ウル・ガド調査区で活動する近縁種群に属する各種の個体数の消長（2）コジャノメ群（表示は図6-5に同じ）

雨熱帯のチョウの発生には季節性はほとんど認められないように思う。多雨熱帯というのは季節がない所だという印象はますます強くなってくる。

温帯に住んで四季の移り変わりのハッキリした自然を見ているわれわれは，1年を単位として動いている生態系というものを，自然の姿だと思っている。こうした季節という枠のない自然というものを，私たちは想像しにくい。

私がこれまで日本などで見てきたいろいろな昆虫や動物は，厳しい冬に耐えて生き残った個体が，春から初夏にかけて開花し，若葉を広げる植物を待ちかねて栄養を得て繁殖し，個体数を増やしていき，また厳しい冬に耐えるために健康な多くの個体を作って，次の年を待つという生活を繰り返していた。多くのひ弱い，あるいは不運な個体を淘汰する冬というスクリーンのない多雨熱帯という所では，動植物の種あるいは生態系がどのような進化をするのだろうか。これまで考えてこなかった自然を，目の前に見ているのではないかということを，私はあらためて実感した。

熱帯の自然生態系を理解するうえで，1年という単位が絶対的なものではないかもしれない。巨大な熱帯雨林や湿地・沼沢林とそのなかに生活している多種多様な動植物という熱帯の自然生態系の空間的構造は，これまで多くの人たちによって述べられてきた。しかしこの1年という枠に縛られない時間のなかに生きている多雨熱帯の動植物と，その作り上げている生態系というものは，一体どんなものだろうか。これまでの生態学のなかでは，1年という時間的単位があるのは当然のこととして，特に問題にされてこなかった。それが世界のすべての動植物の生活に通じるものだろうか。これが多雨熱帯のチョウの長期変動を見ながらしだいに私の中で大きくなってきた疑問だった。

7

翅の破れたチョウ
——ビーク・マークの生態学

7-1 翅の破れたチョウ

　ウル・ガドの研究室周辺でチョウの採集を始めてしばらく経つと，私は採集したチョウのなかに翅が破れたものが多いことに気がついた。日本でも翅の破れたチョウはしばしば目にするが，ここほど多くはない。さらに翅の破れた個体の多い種と少ない種がある。また種によってその翅の破れ方にもそれぞれ特徴があった。

　私が最初にこの問題に興味をもったのは，研究室の建物の壁や周りの木立の薄暗い所に多いウスイロコノマだった。この茶色の大きなチョウの後翅には，しばしば左右の翅のほぼ同じ位置に，同じ形の大きな破れが見られた。きれいに左右対称な形に翅の破れたウスイロコノマを見ているうちに，これが偶然にできたものではないと感じた（図7-1）。

　パダンにおける研究課題としてチョウの生態を取り上げたとき，見つけたチョウはできる限り採集して標本とした。羽化したばかりのようなきれいな個体も，翅が破れてボロボロになった個体もすべて同じように展翅して保存した。この作業のなかでチョウの翅を1個体ずつ詳しく見ているうちに，この翅の破れ方を通してチョウの生活のある面が見えてくることを強く感じたのだっ

図 7-1 チョウの翅の破れ方。ネサエアルリモンジャノメを例として。上段中央が完全な個体。破損個体の本来の翅の輪郭を線で示す。白い部分が欠けたところ

た。

　子供の頃，昆虫採集をしているときは，見栄えのするきれいな標本を作ることが一つの目標だった。標本として人目をひくチョウや大きなガでは，翅が破れたり触角が折れたりすると標本の値打ちが低くなるので，羽化してから日数が経っていない，色が鮮やかで破損したところがない虫を採ることを目ざした。羽がひどく破れたチョウなどは，網に入っても逃がしてやることが普通だった。昆虫の行動や生態の研究を専門とするようになってから，私はきれいな標本を集めることに関心を失ったが，今でもコレクターの人たちが完全な標本にこだわる気持ちはよくわかる。

　多くの人は翅の破れたチョウなどは見向きもしない。私も生態学を専攻してハチや水生昆虫を主な対象とした研究に専心するようになってからは，チョウに関心のある人に頼まれて採集するときでも，翅や触角が完全なもの以外は逃がしてやって，三角紙に包んで保存することはなかった。したがって破れ方などを詳しく見ることもなかった。

7-1 翅の破れたチョウ

　しかし考えてみれば，チョウの翅は理由もなく破れることはない。どんな小さな破損でも，破損するにはそれだけの理由がある。採集の際に網の枠に当たって破れることなどの人為的な破損のほかは，破損には何らかの自然の原因があるだろう。さしあたって考えられる原因には，チョウ自身に原因があるものと，チョウ以外の力が加わって起こったものがある。

　チョウ自身に原因がある破損には，発育異常や羽化の際の事故（翅の一部が引っ掛かったりして完全に伸びなかった個体も時々ある）を除くと，老化に伴うものが多い。羽ばたきの強い速く飛ぶ種では，羽化してから時間が経つとともに翅の外縁が細かく裂けて，その一部が欠けたりしてくる。同じように速く飛ぶチョウでも翅の動かし方が違うのか，セセリチョウの類ではあまり翅端の裂けた個体は見られないが，シロチョウ科のウスキシロチョウの仲間とか，タテハチョウ科のイナズマチョウ類には翅端が細かく裂けているのが見かけられる。大型のアゲハチョウでは，羽ば

図 7-2 力強く飛ぶチョウの翅の外縁部分の破損。コモンタイマイ。上が完全，下が破損個体

図 7-3 大きく破れたチョウの翅。ナガサキアゲハ。上が完全，下が破損個体

たきの強いコモンタイマイなどで翅の縁がささくれ立っているのをよく見る（図7-2）。

一方，何らかの外力，多くは他の動物に付けられた傷らしいものがある（図7-3）。それはチョウが生きている環境，特に捕食性の天敵との交渉を示した貴重な記録ともいえる。翅の一部が大きく欠けたり，4枚の翅の1枚（ほとんどの場合は後翅）がなくなったりしたチョウを見ると，捕食性の鳥やハチ，トンボなどの多くの天敵のなかで生きているチョウの生活の厳しさが，実感されてくる。

私は30歳代の若い頃に果樹試験場に勤務していたとき，ミカンやビワの葉や果実に付いている傷や変色を調べてその原因を解明する仕事をした（関道生監修・大串龍一編集，『原色ミカン果実の診断』，農山漁村文化協会，1972）。よく見ると，一つ一つのミカンの果実には，5月に咲いた白い花から11月に実る黄色い果実になるまでの，ミカン園を取り巻く日射しと風雨，病害虫，そのなかで懸命に働いている栽培農家の労働の半年の歴史が刻まれていた。私は果実店やスーパーマーケットの店頭でも見い出すことができるミカンの傷は，ミカン園を取り巻く自然と農作業の貴重な情報であると感じていた。それと同じように，ここではチョウの翅の傷は，熱帯の自然の貴重な情報であった。ここで見られるチョウの1個体ごとに，その翅にはチョウが羽化してから多雨熱帯の森と草原の中で生きてきた半生が刻まれていた。それを読み解くことが熱帯生態研究の現場での私の重要な仕事の一つとなった。

7-2　翅の破損のタイプと破損率

私の調査定点だったスマトラ自然研究センター周辺で採集されたチョウのなかに，どのくらいの割合で翅の破損した個体が混じっているかをまとめた。図が多くなって煩わしいが，種によってどのくらい違っているか比較できるように科ごとにまとめて示

す。採集個体数があまり少ないと、たまたま採れた個体が完全だったか破損していたかによって結果が大きく変わるので、1種あたり10個体以上採集できた種について、翅の破損を次に述べる三つのタイプに分けてパーセント表示をしたのが図7-4から図7-10である。

採集の際に翅に網枠が当たって壊れたことがはっきりしたものや、標本作成の際に誤って生じた破損はここでは除外している。

これらのチョウの翅の破れ方から何が考えられるだろうか。私はその破れ方を見分けながら、その破れた原因についてはまず次のようなことを考えた。

> タイプA：完全かほとんど完全な翅をしていたもの。
> タイプB：翅の外周部分に小さな破れや裂け目があるもの。チョウ自身に原因がある破損と考えられるもの。
> タイプC：4枚の翅の1枚以上が3分の1以上欠落しているか、欠落部分は少なくても、翅の付け根近くまで深く入った裂け目があるもの。外敵による破損と考えられるもの。

7-3　翅の破れる理由，特にビーク・マークの問題

チョウやガの翅の破れ方とその生活との関係には、特に天敵とのかかわりの観点から、何人かの野外研究者が興味をもった。鳥のくちばしの攻撃を受けて翅に生じた破損、いわゆるビーク・マークについては、すでに世界で何人かの研究者が研究課題として取り上げた。この研究は昆虫の研究者よりもむしろ鳥の研究者によって進められた。これまでの研究者のビーク・マークに関する報告を参考にして、手元のチョウの翅の破れ方を検討してみる。

ここで図7-4から図7-10に示したように約3200個体のチョウの翅を調べてみると、種ごとにその破れ方に特徴がある。その破れ方はそれぞれの種の棲み場所や飛び方と関係があるように思わ

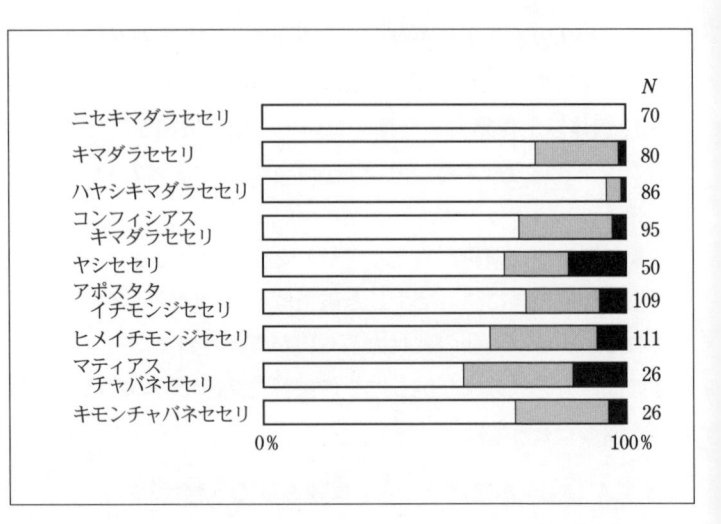

図 7-4 翅の破損個体の割合。セセリチョウ科
- ☐：完全かほとんど完全な個体（タイプA）
- ▨：翅の外周に小さな破れや裂け目がある個体（タイプB）
- ■：大きなあるいは深い破れや裂け目がある個体（タイプC）
- N：調べた個体数

（図7-5から7-10まで同じ）

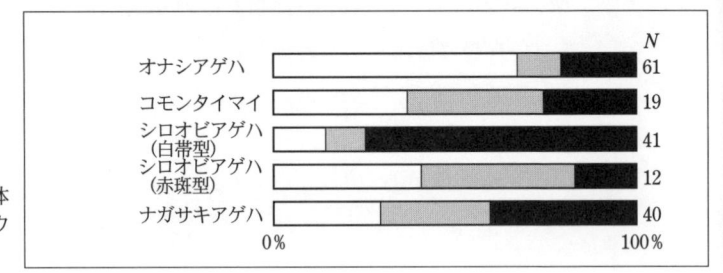

種	N
ニセキマダラセセリ	70
キマダラセセリ	80
ハヤシキマダラセセリ	86
コンフィシアスキマダラセセリ	95
ヤシセセリ	50
アポスタタイチモンジセセリ	109
ヒメイチモンジセセリ	111
マティアスチャバネセセリ	26
キモンチャバネセセリ	26

図 7-5 翅の破損個体の割合。アゲハチョウ科

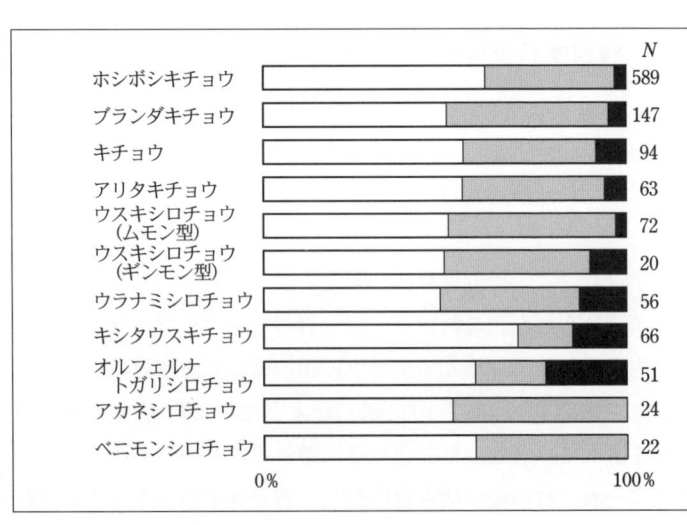

種	N
オナシアゲハ	61
コモンタイマイ	19
シロオビアゲハ（白帯型）	41
シロオビアゲハ（赤斑型）	12
ナガサキアゲハ	40

図 7-6 翅の破損個体の割合。シロチョウ科

種	N
ホシボシキチョウ	589
ブランダキチョウ	147
キチョウ	94
アリタキチョウ	63
ウスキシロチョウ（ムモン型）	72
ウスキシロチョウ（ギンモン型）	20
ウラナミシロチョウ	56
キシタウスキチョウ	66
オルフェルナトガリシロチョウ	51
アカネシロチョウ	24
ベニモンシロチョウ	22

7-3 翅の破れる理由，特にビーク・マークの問題

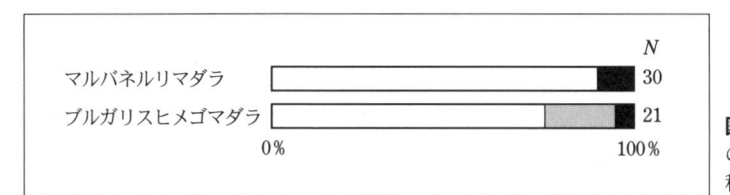

種名	N
マルバネルリマダラ	30
ブルガリスヒメゴマダラ	21

図 7-7 翅の破損個体の割合。マダラチョウ科

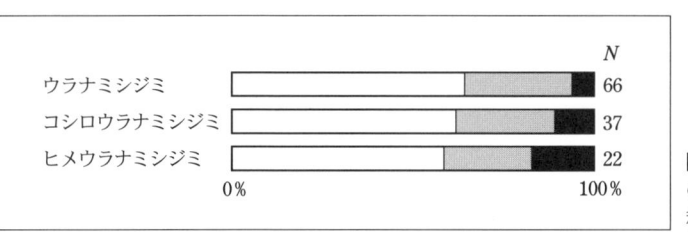

種名	N
ウラナミシジミ	66
コシロウラナミシジミ	37
ヒメウラナミシジミ	22

図 7-8 翅の破損個体の割合。シジミチョウ科

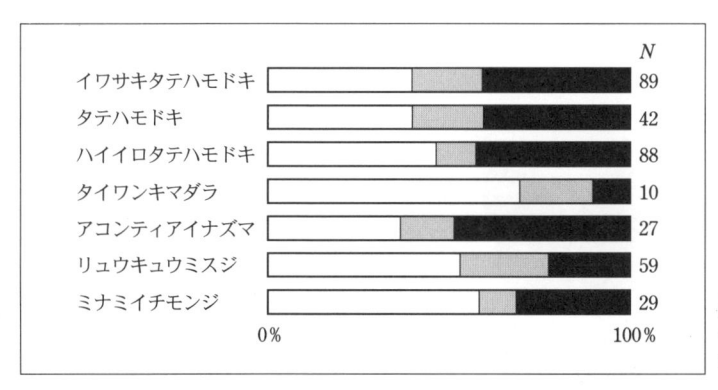

種名	N
イワサキタテハモドキ	89
タテハモドキ	42
ハイイロタテハモドキ	88
タイワンキマダラ	10
アコンティアイナズマ	27
リュウキュウミスジ	59
ミナミイチモンジ	29

図 7-9 翅の破損個体の割合。タテハチョウ科

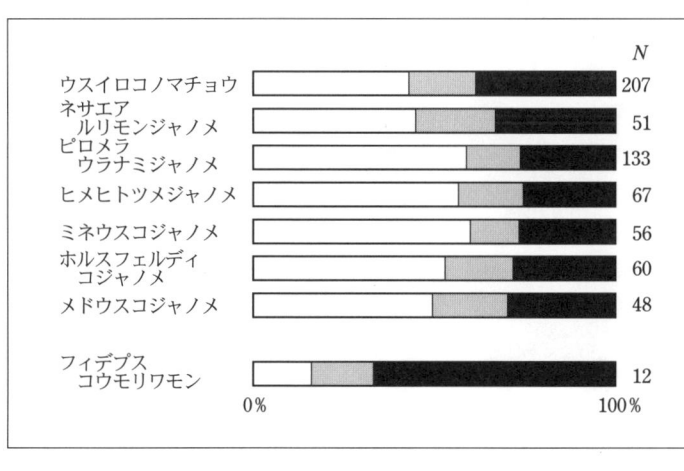

種名	N
ウスイロコノマチョウ	207
ネサエアルリモンジャノメ	51
ピロメラウラナミジャノメ	133
ヒメヒトツメジャノメ	67
ミネウスコジャノメ	56
ホルスフェルディコジャノメ	60
メドウスコジャノメ	48
フィデプスコウモリワモン	12

図 7-10 翅の破損個体の割合。ジャノメチョウ科，ワモンチョウ科

れる。

　さきにも述べたが，チョウの翅にしばしば見られるのは，縁が細かく破れたり裂けた破損である。翅の外縁が欠けて，翅脈の硬い筋だけが残っていることもある。このタイプ（タイプB）の破損が著しい個体では，鱗片が剥げて翅の模様が薄れていることがよくある。チョウが羽化してから日が経つと自然に翅が傷んで，特に強く羽ばたく種では，翅の外側に大きな負担がかかって，外縁部に細かい裂け目ができてくるもので，羽化後の時間的変化，言い換えれば老化に伴う変化と思われる。タイプBの破損の大半はこれに入るのだろう。強く羽ばたいて梢上を速く飛ぶウスキシロチョウやウラナミシロチョウではこのタイプの破損が目についた。アゲハチョウ科のコモンタイマイでもしばしば見られた。こ

図 7-11　草むらの中で活動するジャノメチョウの翅の破損。ヒメヒトツメジャノメの例

7-3 翅の破れる理由，特にビーク・マークの問題

れと違うが，地表近くのイネ科の草むらの中を飛んでいる小型のジャノメチョウ科のコジャノメやウラナミジャノメ類では，草の鋭い葉先が当たったような，小さい裂け目や欠損が目立っている（図7-11）。草むらの中を飛ぶシジミチョウの仲間にも，このような細かい破れが時折見い出される。これもチョウ自体の活動によって生じた破損といえる。

このタイプBをさらによく見ると，翅の外縁が細かく裂けてササラ状になっているものと，翅の一部がごく小さく欠けているものがある。尾状突起のある種ではこれが欠けていることが多い。このタイプBの破損は，さきに述べたような激しく羽ばたいて強い空気抵抗を受けたり，障害物の多い所を飛んで翅を傷つけたり，いろいろな要因によって生じたものと考えられる。似たような壊れ方を示すことが多いので，活動場所や行動をよく見ないと原因の判定は困難である。

一方，羽ばたいてもあまり負担がかからない所に，大きく欠けた部分とか深い裂け目が見られる場合，何らかの他の動物によって加えられた可能性が大きい。私がタイプCとして分類したのは，この大きな欠損あるいは深い裂け目である。

はじめに述べたように私がまず注目したのは，ウル・ガドの調査地に多いウスイロコノマの，左右の後翅の同じ位置にあるほぼ同じ形の欠損だった（図7-12）。それはチョウが翅をたたんで止まっているときに，左右の翅を重ねたままで何かに切り取られたように思われた。

個体数は少なかったが，大きな黒褐色のフィディプスコウモリワモンにも，このタイプの破れが目についた（図7-13）。この2種はそろって，ウル・ガドの研究室の外壁に止まる習性をもっていた。同じように建物の壁に止まる習性をもっているヤシセセリでも，このような破損が目立った。

翅の一部が大きく欠けたチョウも多かった。特に後翅の後方が欠けている個体がよく見られた。なかには後翅が1枚，ほとんど

図 7-12 ウスイロコノマチョウの翅の破損。
上：完全
下：後翅が左右対称に欠けた個体

図 7-13 壁に止まる習性をもち，後翅が左右対称に欠けた2種のチョウ。
ⓐ ヤシセセリ
ⓑ フィデブスコウモリワモン

なくなっている個体もあった。ナガサキアゲハやシロオビアゲハなどのいわゆる黒色アゲハ類のように，割合にゆっくりと飛ぶ大型のチョウでこの大きな破損が目立った。前・後翅にわたって大きく一続きになった欠損が，リュウキュウミスジなどの中型のチョウで見られた。特殊な型の破損としてはジャノメチョウの前翅の眼状紋，いわゆる蛇の目に穴が開いている例もあった。

7-4　天敵による破損(？)の多い種と少ない種

図7-4から7-10までを見ると，いろいろなことが考えられる。外敵の攻撃による破損と思われるタイプCについて見ると，ほとんど見られない種から，採集した個体の半分以上がこの型の破損をしている種まである。ここで，このタイプCの破損をした個体がまったくない種か，全体の1割以下である種をあげてみよう。

(1) タイプCの破損がまったく見られない種

ニセキマダラセセリ，アカネシロチョウ，ベニモンシロチョウ

(2) タイプCの破損個体が全体の1割以下である種

　キマダラセセリ，ハヤシキマダラセセリ，コンフィシアスキマダラセセリ，アポスタタイチモンジセセリ，ヒメイチモンジセセリ，キモンチャバネセセリ，ホシボシチョウ，ブランダキチョウ，キチョウ，アリタキチョウ，ウスキシロチョウ (ムモン型，ギンモン型)，マルバネルリマダラ，ブルガリスヒメゴマダラ，ウラナミシジミ，タイワンキマダラ

　このデータから，タイプCの破損が少ないグループとしてはセセリチョウ科，シロチョウ科のキチョウ群，カザリシロチョウ群があり，その他ウスキシロチョウやルリマダラ，タイワンキマダラなどは，天敵由来と思われる破損がごく少ない。

　逆にこのタイプの破損個体が全個体の3割を越える種は以下のとおりである。

　シロオビアゲハ (白帯型)，ナガサキアゲハ，イワサキタテハモドキ，タテハモドキ，ハイイロタテハモドキ，アコンティアイナズマ，ミナミイチモンジ，ウスイロコノマ，ネサエアルリモンジャノメ，フィデプスコウモリワモン

　なかでもシロオビアゲハ (白帯型) とフィデプスコウモリワモンはこのタイプCの破損が6割を越えて非常に大きい。さらにナガサキアゲハなどの黒色アゲハ類，タテハモドキ類や若干のタテハチョウ科と，建物の壁に止まる習性が強いウスイロコノマがこれに続いて大きな被害を出している。

　天敵によると推定される大きい破損の出やすい種と，そうでない種がなぜあるのかということを，被害の大きいほうと小さいほうの両面から総合的に考えていくと，次のような点が注目される。

　まず被害の少ないほうから見ると，

　(1) 体が小さくて飛び方が速いセセリチョウ類は被害が少ない。

　(2) カザリシロチョウ類，オオゴマダラやルリマダラ類のように，大きな丸い翅でゆっくりと飛ぶグループには被害が少ない。

(3) キチョウ類やウスキシロチョウ類も割合に被害が少ない。

(4) タテハチョウ科でもタイワンキマダラのように被害が少ないものがある。

逆に被害の多いほうから見ると,

(1) シロオビアゲハ(白帯型),ナガサキアゲハなどの大型の黒色アゲハ類は被害が大きい。

(2) 明るい草原で低く滑空するタテハモドキ類,ミナミイチモンジなどは被害が大きい。

(3) やや暗い所で活動し,建物の壁に止まるウスイロコノマ,フィデプスコウモリワモンは大きな被害を受ける。なおセセリチョウのなかでは特に大型で同様の習性をもつヤシセセリは,セセリチョウ類のなかでも例外的にタイプCの被害が多い。

これらの破損の出方を見ると,天敵の攻撃を受けやすい,あるいは逆に受けにくいと思われる条件が幾つか浮かんでくる。

その第一はチョウの行動生態的な性質である。小型で素早く飛ぶチョウは被害が少ない。セセリチョウ類のように小型で速く飛ぶチョウは鳥などの攻撃を受けにくく,黒色アゲハ類のように大きくて敏捷(びんしょう)でない(飛翔速度は遅くないが直線的に飛ぶ)チョウが攻撃されやすいと思われる。

第二は大型でゆっくり飛ぶのに被害がごく少ないチョウの問題である。これは有毒チョウと,それに対する擬態がかかわっているように思われる。

マダラチョウ類とオオベニモンアゲハなどの若干の種が有毒であることはよく知られている。私は熱帯で多種多様なマダラチョウを観察する機会を得た。そうしてそれらがいずれも大型で細長い体と丸みを帯びた広い翅をもって,ゆっくりと飛ぶのを見た。これらのマダラチョウ類がいずれも大きな被害を受けないことを,この調査ではっきりとさせることができた。図7-7に示した2種のほかに,1種あたり採集個体数が10個体以下であるために図示していないが,パエナレタルリマダラ,ツマムラサキマダラ,カ

バマダラ，スジグロカバマダラ，アスパシアアサギマダラなどのマダラチョウ類は，いずれも翅に大きな破損を受けていなかった。

7-5　シロオビアゲハの2型と擬態の効果

　私がいわゆるベーツ型擬態というものの意味を納得したのは，ここで採集できたシロオビアゲハの白帯型と赤斑型の翅の破損の違いである（図7-14）。この2型で翅のタイプCの破損に大きな違いが見られた。白帯型では70％以上という非常に高い破損率が見られるのに，赤斑型では17％という低い破損率であった。この種の赤斑型が有毒のベニモンアゲハの擬態であることはよく知られている。この問題は日本では沖永良部島において，オオベニモンアゲハの分布拡大とともに，それに擬態する赤紋型が増えたという上杉（1990）の研究によって有名である。

　ウル・ガドではベニモンアゲハは採集できなかったが，このパダン地域にはベニモンアゲハは分布している。ベニモンアゲハは地方変異が多いが，このシロオビアゲハ赤斑型も変異があり，それぞれの分布する地域のベニモンアゲハの変異に対応していることが知られている。私がパダン地域で採集したベニモンアゲハは尾状突起が長く後翅に白紋のない型であるが，この同じ地域のシロオビアゲハ赤斑型もすべて同様に尾状突起が長く白紋のないものだった。パダン地域のシロオビアゲハの2型の間に見られる翅のタイプCの破損の発生率の違いは，この擬態が生存に有効であることを暗示しているように思われる（口絵写真47, 48, 49）。

　次の問題は，体のわりに大きな翅をもちゆっくりと飛ぶ種でありながら，マダラチョウ類ではなく，マダラチョウ擬態種とも思われないカザリシロチョウ群のことである。翅の裏面に鮮やかな赤や黄色の目立った色彩と斑紋をもっているこのグループには，ほとんどタイプCの破損は見られない。カザリシロチョウ群は味がまずく，その鮮やかな色彩は警戒色であるという説はあるが，このグループが有毒であるという話を私はまだ聞いていない。し

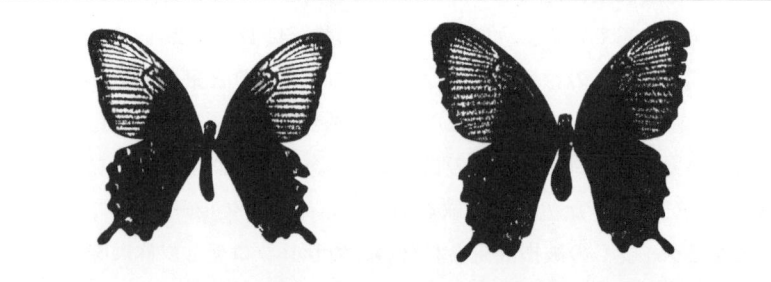

図 7-14 ウル・ガド調査区で採集したシロオビアゲハの2型と翅の破損。上：白帯型，下：赤紋型

かしそれだけで大きくかつ飛び方が遅いこのチョウが，完全に捕食者から避けられるのだろうか．いろいろな状況を考えると，この群はマダラチョウなどと同じように有毒なチョウではないだろうか．

　天敵による被害をこの翅の破損率で比べることには一つの問題がある．それは破損した翅をもつ個体は，「天敵の攻撃を受けたが，幸いに逃れることができた個体」である．運悪く食われてしまった個体はこの調査結果には現れてこない．見つかれば確実に捕獲される種であれば，いくら激しい捕食を受けていても，このような形で記録されることはない．体が小さくて少しの破損でも死ぬ可能性のあるシジミチョウなどでも同様であろう．天敵の側から見ても，非常に捕獲効率がよくて狙った餌は確実に捕らえる天敵の場合，捕食の証拠は残らない．この翅の破損から見る捕食者の攻撃の痕跡は，チョウの個体群が受けている天敵の攻撃の一面を示しているにすぎない．このことをよく心得たうえでこの問題を検討しなければならない．

7-6 チョウの捕食者は何か

　チョウの翅にこのような痕跡を残したと思われる捕食者について考えてみる．調査の間，私は天敵によるチョウの捕食行動を観察しようとして注意していたが，シオカラトンボに似たトンボがキチョウを捕食するのと，ノラネコが草むらを低く飛ぶコジャノメに前足を出しているのを見ただけで，鳥なり他の動物がチョウを捕獲して食う場面を見ることができなかった．まとまったデータはないが，ウル・ガド調査区では，クモの活動はあまり活発ではない．それでいろいろな状況を総合した推論ではあるが，ヤモリやトカゲ類が重要な捕食者ではないかという問題を取り上げてみたい．

　スマトラ自然研究センターとその周辺の調査地には，ノラネコのほかには虫を食う哺乳動物は見られなかった．数種の鳥が単独

で，また小さい群れで庭の木立を訪れてきた。そのなかにはチョウを捕食するものもいる可能性はあったが，確かめることはできなかった。この付近ではヘビはほとんど見なかったが，樹上性のヘビの種が多い熱帯アジアなので，どこかにいたかもしれない。この地域で毒ヘビをほとんど見なかった理由としては，ウル・ガドの山村の人たちは毒ヘビが薬（民間薬）として高く売れるので，見つけしだいに採ってしまうからかもしれない。研究センターの庭の木立の下草の間には小型のヒキガエルがしばしば見られた。これらはチョウを襲って捕らえたり，翅に傷をつける可能性はあった。しかし私が特に注意したのはヤモリやトカゲだった。

　ウル・ガドの調査地はやや乾燥しているせいかヤモリやトカゲが多かった。建物の内外の壁にはいつも大小2種のヤモリがおり，庭の草地や灌木の下草には3種以上のトカゲが棲んでいた。日本のトカゲやカナヘビよりもずっと大きなトカゲが，地面や草の間で活動しているのを，私は毎日のように見ることができた。私はこちらで調査を始めたとき，日本の野原や林の地上で活動しているハタネズミやアカネズミに対応するようなネズミ類がいることを予想していた。しかしかなり注意してもノネズミ類が観察されず，大小のトカゲが活動しているのを見て，私は日本のネズミやトガリネズミに替わる生態的地位を占めているのは，ここでは各種のトカゲではないかと考えた。

　これらの爬虫類や両生類はいつもよく見かけたが，標本を集めたり観察をする時間がなかったので，種相や生態についてはよくわからない。しかしこれらがチョウをはじめ昆虫類の重要な天敵になっている可能性が考えられる。

　特に私ははじめに述べたウスイロコノマの後翅に見られる左右対称の破損が，ヤモリの被害である可能性が大きいと思っている。この形はちょうどウスイロコノマが建物の壁などに左右の翅を合わせて立てて止まっているところに，後ろから忍び寄ったヤモリが食いついたらできるように思われる。これは，調査地にいる多

くの種のチョウのなかでもウスイロコノマが特によく建物の壁に止まるという習性をもっていることから浮かんできた考えである。そういう目で見ると，同じように壁に止まる習性が目立つフィデプスコウモリワモンとヤシセセリにも，同じような後翅の破損が多い。これは5章に記録した各科のチョウの採集場所からも推定できる。

　ただ，この解釈ではわからないことは，しばしばこのタイプの破損が見られるネサエアルリモンジャノメに，建物の壁に止まる習性がほとんど見られないことである。ジャノメチョウなのにタテハチョウのような行動をするこの不思議な種には，また別のトカゲなどに襲われやすい習性があるのかもしれない。

　ナガサキアゲハやシロオビアゲハのような大型の黒色アゲハ類に見られる片方の翅の大きな破損や，草原で滑空することが多いリュウキュウミスジの前後翅の左右対称の大きな破損などは，鳥の被害である可能性がある。

　チョウの翅の破れはさらにいろいろな疑問をよび起こす。私はまだ断定できないでいるが，どうもウル・ガド調査区のチョウには，ガド山やシピサンの調査区に比べて，翅の破損した個体が多いような気がしてならない。これはウル・ガド地区のような，原生林あるいは里山の本来の自然を破壊した後に成立した環境には，捕食性天敵に襲われやすい特別な条件があることを示しているのかもしれない。

　この熱帯のチョウの翅の破れかたを見ているうちに，私はまた日本ではこれがどうなっているのだろうという，これまで日本では考えなかった問題を意識するようになった。

　野山や庭や畑を飛び回っている翅の破れたいろいろなチョウは，この熱帯のチョウを取り巻く自然環境を考えるうえで，いろいろなヒントを与えてくれる。激しい羽ばたきで裂けたもの，草むらの尖がった葉先や混み合った灌木の茂みの棘（とげ）に引っ掛かったもの，鳥やトカゲなどの天敵に襲われてやっと逃れたものなど，

熱帯と温帯の自然環境，いろいろな地域のチョウをめぐる環境を比較する一つの有用な資料だろう。

8

キチョウの世界

8-1 多様な熱帯アジアのキチョウ

　緑の草原に低く飛んでいる黄色い小さいキチョウは，日本でも春から秋にかけて普通に見られる風景のひとつである。同じく野原にいるがキチョウよりも少し大きく，敏捷な飛び方をするモンキチョウに比べて，草や灌木上をチラチラと飛んで，採集しやすくいつでもどこにでもいるキチョウは，人の注意をひくことも少なく，昆虫に関心のある人たちも見すごすことが多い。私も日本ではキチョウを採集することはほとんどなかった。熱帯で昆虫の研究をするようになってからも，大きなトリバネアゲハやマダラチョウなどに目をひかれても，草原や畑にいつでも見られる小さなキチョウにはあまり注意を払わなかった。

　熱帯のチョウを主題とする研究を始めたとき，まず採集することができたのは，周りの草地にいつでも飛んでいるキチョウだった。あらためてこのキチョウに注意を向けると，思いがけない興味がわいてきた。

　北海道を除く日本本土にいるキチョウは2種，広く分布する普通のキチョウ（他の種と区別するために学名に基づいてこの本ではヘカベキチョウと記すことにする）と，本土の西南部を中心に分布して個体数がやや少ないツマグロキチョウである。沖縄（八

重山)にいくとタイワンキチョウ(この本ではブランダキチョウと記すことにする)と，南日本で時たま見つかる遇産種のホシボシキチョウがいる(写真8-1)。

スマトラからは13種のキチョウが記録されている。西スマトラ州の私の調査地区全体で，そのうちの9種が採集できた。それは各地区のチョウ全体のリストにも示したが，ここにキチョウだけを抜き出して採集個体数とともに表8-1にまとめておく。

これらのキチョウはゴブリアストガリキチョウを除くと，どれもよく似た黄色い地に外周に黒い縁取りのあるシンプルな模様の小さな翅をもつ。翅裏にはごく小さな赤褐色の点を散らしていて，種を見分ける重要な特徴となっているが，個体変異も多く種の同定が難しい標本が多かった(口絵写真89, 90, 91, 92)。私はたびたび標本を調べ直し，わからないものをキチョウの分類専門家の九州大学の矢田さんに見ていただいては，間違っていた同定をやり

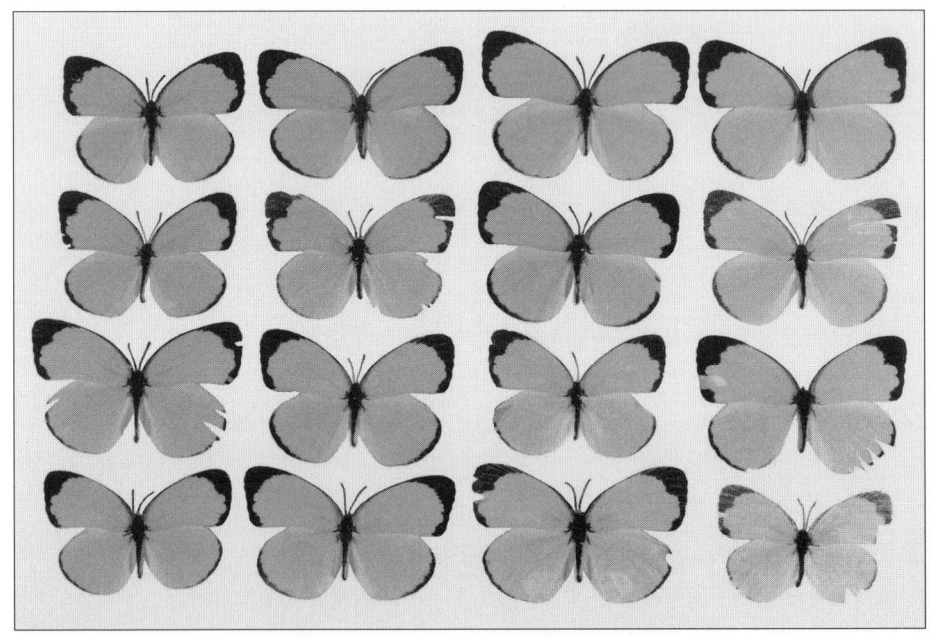

写真8-1 研究中のキチョウの標本，ブランダキチョウ。1997年2月採集の雄

8-1 多様な熱帯アジアのキチョウ

表8-1 西スマトラ調査地区で採集したキチョウとその個体数

	ウル・ガド地区	ガド山地区	シピサン地区
ホシボシキチョウ	591	1	
ブランダキチョウ	147	28	23
ヘカベキチョウ	96	34	9
アリタキチョウ	66	2	
サリキチョウ	2	24	8
マレーアトグロキチョウ	1	2	
シムラトリックスキチョウ		1	
ムモンキチョウ		2	
ゴブリアストガリキチョウ			1
種　数	6	8	4
採集個体数	903	94	41

直す作業を繰り返した。シムラトリックスキチョウについては，私がこの種と判定した約20個体のうち，矢田さんによって確認されたのは1個体にすぎなかった。こうした苦労をしながら，ようやく表8-1のような結果にたどりついた。

　採集個体数だけを見れば，ウル・ガド地区が圧倒的に多く，ガド山地区やシピサン地区はそれよりはるかに少ないが，これは調査密度の関係もある。調査区が研究室の庭で，いつでも時間があれば採集に出ることができるウル・ガド地区は，自動車で2時間近くかかるシピサン地区に比べて，調査密度は10倍以上であっただろう。こうした調査条件の違いにもかかわらず，次のような点が注目される。

　(1) 総採集個体数が少ないにもかかわらず，山畑・原生林帯のガド山地区では最も多くの種が採集された。荒地草原・灌木帯のウル・ガド地区がこれに次ぎ，水田・里山帯のシピサン地区の種数が最も少なかった。

　(2) ウル・ガド地区では圧倒的に多いホシボシキチョウが他の地区ではほとんど採集できない。

　(3) 相対的な数は多くはないが，アリタキチョウもウル・ガド地区に多く，他の地区ではほとんど採集できない。

(4) ブランダキチョウ（タイワンキチョウ）とヘカベキチョウ（キチョウ）は，どの地区でもある程度の数が採集されている．

(5) サリキチョウはウル・ガド地区ではごく少ないが，ガド山地区ではかなり多く，シピサン地区でもいくらか採集できた．

(6) 採集数はごく少ないがガド山地区ではムモンキチョウとシムラトリックスキチョウが，シピサン地区ではゴブリアストガリキチョウが採集された（口絵写真93, 94）．

ここでまずキチョウ群の主体をなす*Eurema*属以外の2種，つまりムモンキチョウとゴブリアストガリキチョウについて見ておこう．ムモンキチョウはガド山調査区の端にある熱帯雨林の残片のような小さな森の中だけで採集された．林内の踏み分け道の地表すれすれに飛んでいた．この種は形や色から見れば間違いなくキチョウだが，世界のキチョウ群の主体をなす*Eurema*属ではなく，原始的とされる*Gandaca*属で，東南アジアの東寄りの大陸・島嶼部に分布しており，熱帯雨林の林床にだけ生息するといわれている．この従来からの知見と，今回の採集場所が一致した．まさにこの種はアジア熱帯雨林のキチョウなのであろう．

ゴブリアストガリキチョウは普通のキチョウの倍近い前翅長40mmほどもある大きさと，タテハチョウのようにギザギザのある翅端をもつその形から，その他のキチョウと大きく違った種で

写真 8-2 里山の草地や林縁などですばやく飛翔するゴブリアストガリキチョウ。数はあまり多くはない

ある。私は今回の調査やこの調査区以外の場所での観察から，これが西スマトラでは原生林に続く里山の林縁部で採集できることを知った。これは他のキチョウ特にブランダキチョウやヘカベキチョウの活動場所とも重なっているが，採集例が少ないのでこれがその種の本来の生息地かどうかははっきりしない（写真8-2）。

こうした系統的にも生態的にも違った2種を別として，*Eurema*属の7種についてその生態的な関係を検討した。これらの種はいずれもマメ科の草や灌木を食草とする点でも共通性が高い。

私はかつてアメリカの文献を見ていて，北米大陸にはモンキチョウ*Colias*属の種がたくさんいて，それぞれが少しずつ違った生態的地位を占めていることに強い印象を受けた。同様な関係がこのスマトラの多くのキチョウの間にも見られないかと考えて，発生時期や成虫の活動場所をできるだけ詳しく記録して比較した。幼虫の食草や生育状況，成虫の産卵行動などを調査することは，私一人の限られた労力と時間では無理で，今回は調査の努力を成虫の活動場所に集中した。熱帯アジアのキチョウ群は，種ごとの産卵場所や食草選択，幼虫の集団行動や，同じような場所で同時に活動している数種の間の種間競争など興味ある問題は，今後，熱帯アジアでキチョウの生態を調べる人に，たくさんの興味ある問題を提示している。

8-2　成虫の発生時期

これらのキチョウは，スマトラの調査地では1年中いつでもいるように見える。しかし飛んでいると同じように見えるこれらの種の発生時期がまったく重なっているのか，あるいは種によっていくらかずれているのか，確かめてみる必要がある。ただし採集個体数があまり少ない種は1年を通じての発生傾向をつかむことが難しいので，ここではウル・ガド地区に多い4種，ホシボシキチョウ，ブランダキチョウ，ヘカベキチョウ，アリタキチョウに

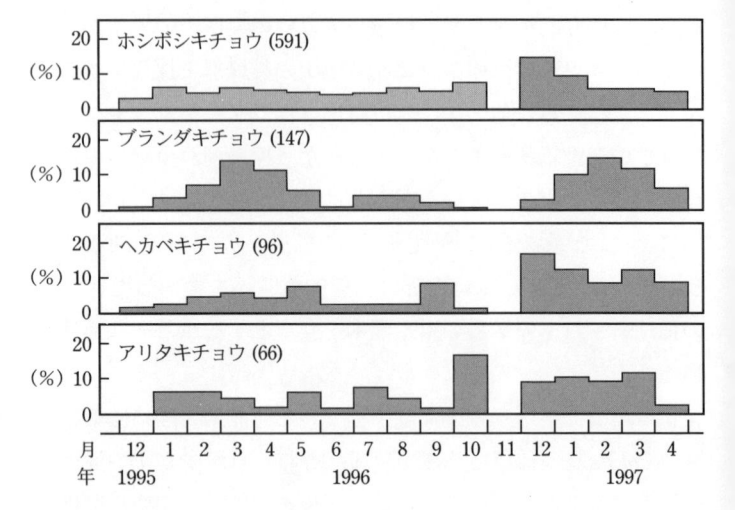

図 8-1 ウル・ガド調査区のキチョウ4種の月別採集個体数。1995年12月〜1997年4月（1996年11月は調査中断）。総採集個体数（ ）に対する各月の採集数の比率で示す

ついて，図8-1にその発生消長を月あたりの採集個体数の変遷で示した。ホシボシキチョウの採集数が他の種に比べてけた外れに多いので，種の比較のために実数でなく各種の調査期間中の総採集数を100とした各月の採集数の比率で示した。なお調査開始後約6ヵ月はまだ不慣れで採集数が少なく，その後の数と比較しにくいので，1995年12月から1997年4月までの17ヵ月の採集数の消長をまとめてみた。

まずどのキチョウもほぼいつでも活動している。私たちがこの西スマトラの野山で，いつでもキチョウを見ることができるという経験がこれで裏づけられる。

どの種もほとんど年中活動しているが，ホシボシキチョウとその他の3種とでは，発生傾向にいくらかの違いがあるように感じられる。それはホシボシキチョウがほとんど毎月同じように採集できるのに，他の3種は多い月と少ない月があって，採集される数が増減することである。ホシボシキチョウも1996年12月から1997年1月にかけて増えているが，その他の月は目立った増減は見られない。一方，ブランダキチョウは1996年の2〜4月と1997

年の1〜3月というほぼ1年周期の増減が見られる。ヘカベキチョウとアリタキチョウはブランダキチョウのような周期的な消長は見られないが，1996年から1997年にかけての11〜3月に多く採集された。この時期は多雨期にあたっており，キチョウだけでなく他のグループの各種のチョウも多く発生する時期であることは，季節消長の章でも述べたとおりである。つまりこの3種のキチョウはある程度，高温多雨などの環境変化に対応して発生するのに，ホシボシキチョウはこうした環境変化にかかわらずいつも発生あるいは活動をしているといえる。

採集個体数が少なくてここでは図に示さなかった他のキチョウのうちガド山でやや多く採集できたサリキチョウは，1996年3, 8, 11月，1997年1, 2, 3月に記録されている。またマレーアトグロキチョウは2, 8, 10月に，シムラトリックスキチョウは8月に採集されている。1個体しか採れなかったために発生傾向がわからないシムラトリックスキチョウを除いては，どのキチョウも年中，活動しているらしいことが推測できる。その活動数の増減については，これだけの資料からは判断できない（口絵写真7, 95, 96）。

8-3 成虫の活動場所

毎月の採集個体数の記録から，西スマトラの私の調査地において各種のキチョウの発生・活動時期が広く重なり合っていることがわかる。次にこれらのキチョウの活動している場所について調べた。西スマトラのチョウの各グループの生態のあらましを述べた5章において，私は各種のチョウの採集された場所の記録をまとめた。ここではキチョウ群について，同じような資料から各種の関係を見てみたい。

図8-2には，ウル・ガドの調査地において多く採集できた4種のキチョウの採集場所，つまり飛んだり止まったりしていた場所をまとめた。これもホシボシキチョウの数がけた外れに多いので，各種の総採集数を100とした各場所の比率で表示した。採集場所

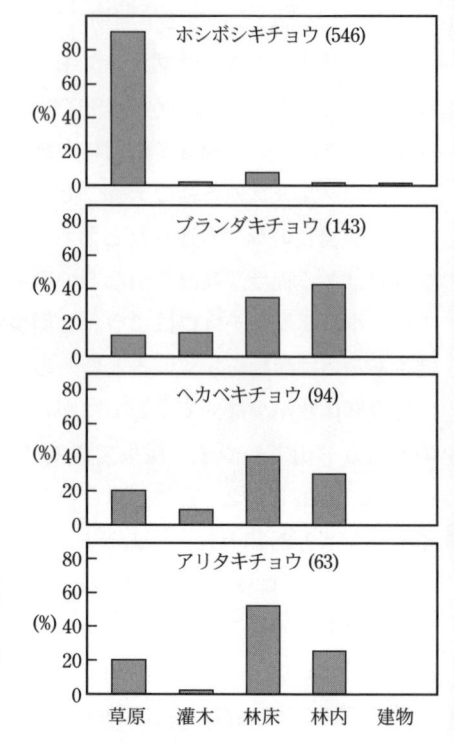

図 8-2 ウル・ガド調査区におけるキチョウ4種の活動場所。総採集数（　）に対する各採集場所の採集数の比率で示す

は5章で述べた5タイプ，（草原）（灌木）（林床）（林間）（建物）で示してある。

　ここでも前の発生時期の場合と同じように，ホシボシキチョウと他の3種との違いが明らかになった。ホシボシキチョウはほとんどが草原で活動しているのに，他の3種は主に木立の中の林床や樹梢の下の林間を活動の場所としている。

　ウル・ガド地区とはかなり違った環境となるガド山地区では，採集場所を草原，林縁，林内の3タイプに分けて記録した。その結果を図8-3にまとめた。

　この場合，草原といってもウル・ガド地区のような乾燥した平坦な荒れ地に一面にチガヤなどが生えている草原ではなく，谷間の湿地やまばらにドリアン，マンゴスチンなどの果樹が植えられ

8-3 成虫の活動場所

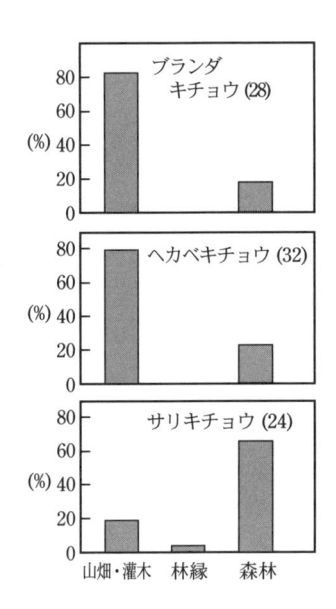

図 8-3 ガド山調査区におけるキチョウ 3 種の活動場所。総採集数（ ）に対する各採集場所の比率で示す

た緩やかな斜面の山畑の間に，さまざまな種の草やシダ類が茂った明るい草地である．林縁，林内とした林は熱帯雨林の残片で，樹高30m以上もある高木の樹冠の下に中・下層木が茂り，日光が直射することがない深い森林であり，ウル・ガド地区の明るい荒れ地のなかに作られた樹高が10mほどの，下層木のほとんどない木立とはかなり違っている．

ガド山地区での観察ではヘカベキチョウとブランダキチョウが明るい湿地草原や山畑に多く，サリキチョウ（口絵写真95, 96）が原生林の林間に，ムモンキチョウが原生林の林床にいる．これはブランダキチョウやヘカベキチョウがウル・ガド地区では林内に多いことと食い違うようだが，ウル・ガド地区の林地が荒れ地に開けた草原の中に人工的に作られた木立で，ガド山の草原や森林とかなり違っていることと関係するのかもしれない．

なおシピサン地区は環境が多様で，水田，集落内の庭木や果樹，ゴム園，いつも人々が入って生活資材を取ってくる里山，いくら

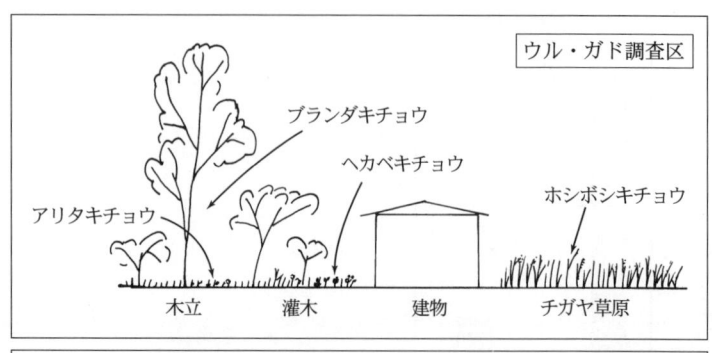

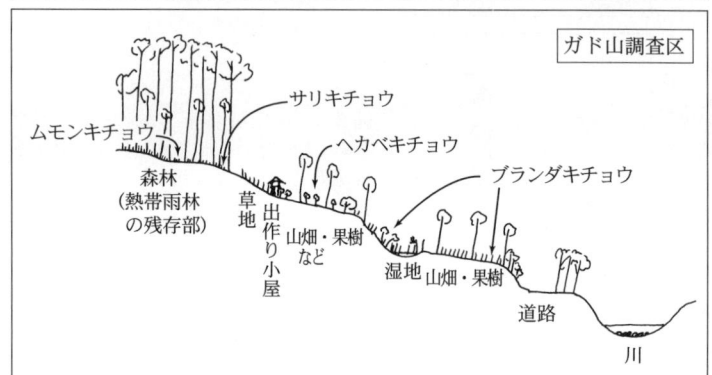

図 8-4 西スマトラにおけるキチョウ6種の棲み場所選択

か人手の入った原生林などが細かく入り混じっており，チョウはその間を自由に往来しており，たまたま採れた場所をその生息場所として記録することは無理なので，採集場所でのまとめはしていない。

このキチョウ各種の採集・観察場所のデータをもとにして，西スマトラにおけるキチョウの棲み場所選択の傾向を，図8-4に模式的にまとめた。この場合，採集記録が少ないシムラトリックスキチョウ，マレーアトグロキチョウ，ゴブリアストガリキチョウの本来の棲み場所は判定できない。

8-4 ホシボシキチョウの問題

この調査をしながら，私は一つの疑問をもつようになった。そ

8-4 ホシボシキチョウの問題

れはウル・ガド地区ですべてのチョウのなかで最も多いホシボシキチョウのことである。ウル・ガド地区では1年を通じて採集され，研究センターの庭を歩くといつでも2～3個体は見られるこのチョウが，西スマトラの他の地区では非常に少なく，ほとんど採集できない。さらに活動時期を見てもほとんどいつも増減なく活動しており，活動個体数の山と谷が見られる他のキチョウとは違っていた。さらに活動場所を見るとやや乾燥した荒れ地のチガヤ草原に，特に多く活動しているのが見られた。

少し視点を変えてみると，キチョウ群のなかでも他のキチョウは種によってほぼ決まった大きさがあり，計測しなくても大きさから種の見分けがつくことが多いのに，このホシボシキチョウは大きい個体から著しく小さい個体までいて，そのサイズの変異の幅が非常に大きい。このことを確かめるために，私はウル・ガド地区で採集したキチョウのうちで個体数が多かった4種について，その前翅長の個体変異を整理してみた。一般にキチョウ類は雌が雄よりやや大きいものが多いので，雄雌に分けて計測した前翅長の分布を，図8-5（雄）と図8-6（雌）に分けて示しておこう。

これで見るとブランダキチョウとヘカベキチョウはやや大きく，アリタキチョウとホシボシキチョウはやや小さいこととともに，ホシボシキチョウのサイズの個体変異の幅が特に雄では目立って大きいことが明らかになる。これは，ホシボシキチョウが乾燥して食物の乏しい時期にも体サイズを小さくして生き延びる能力をもっていて，乾燥地に適応した種であることを暗示するように思われる。

私は西スマトラで仕事をしている間に，ここにあげた3個所のチョウの調査地区以外のあちこちで，チョウ以外の動植物や環境の調査をする機会があった。その折りに可能な限りキチョウの分布も観察した。しかしホシボシキチョウを採集することはほとんどなかった。私がこの種を多数採集することができたのは，パダン市の南の高原地帯の小さな町スカラミにある西スマトラ州の農

事試験場の構内の牧草地だけだった。ここにはシロツメクサはじめ外来の牧草が広い山の斜面に広がり，熱帯アジアらしくない緑の原野にたくさんのホシボシキチョウが飛び回り，また羽化や産卵活動を行っていた。ホシボシキチョウが多く生息している場所は，この多雨熱帯地方には本来はなかったような草原植生が広がっている所だけではないだろうか（口絵写真97, 98）。

　文献によれば，もともとホシボシキチョウはアフリカのサバンナ地帯原産の種で，東南アジアに侵入したのは比較的新しい時代といわれている。スマトラへはインド亜大陸経由で長い年月をかけて分布を広げたものか，あるいは近代の世界的な交通の発展と

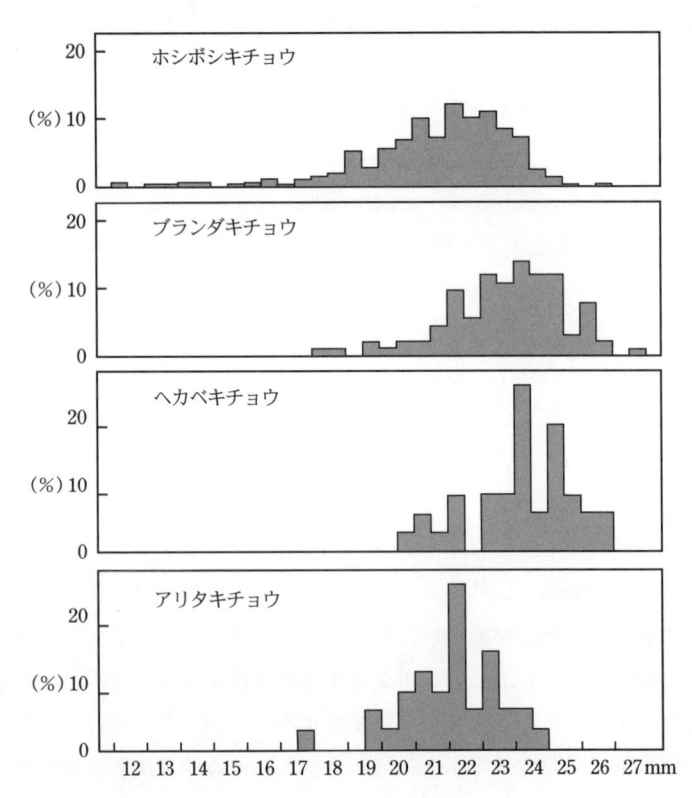

図 8-5 ウル・ガド調査区のキチョウ4種の前翅長の個体変異（雄）。0.5 mm単位で分けた個体数の％分布で示す

ともに人と物の移動に伴って入ったものと考えられる。これがボルネオ（カリマンタン）に侵入したのはごく最近の1980年代のことらしく，今でもボルネオではこの種はごく局地的に分布するにすぎないようである。熱帯アジア全体を見渡せば，このチョウの分布拡大は，深い森林に覆われていた多雨熱帯のこの地方にさまざまな開発の手が入って，森林の伐採やプランテーションの造成と，開拓事業の失敗などで放棄されて荒れた土地に，乾燥に強いチガヤなどの草原が広がった後からであろう。乾燥アフリカ原産のこの種の分布は，広い意味での森林の荒廃と砂漠化に伴って，乾燥地の動植物がアジア多雨熱帯に広がりつつあることを反映する現象の一つではなかろうか。

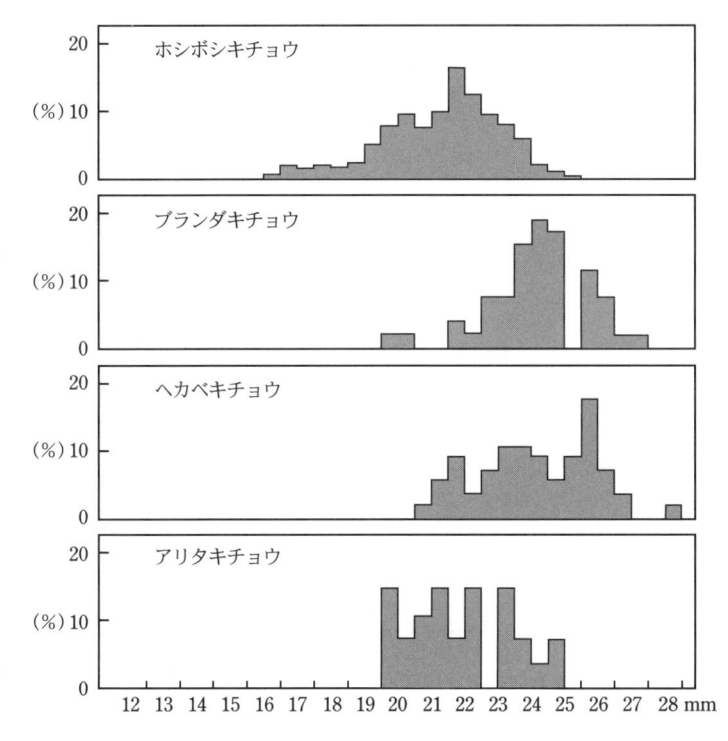

図 8-6 ウル・ガド調査区のキチョウ4種の前翅長の個体変異（雌）。0.5mm単位で分けた個体数の％分布で示す

8-5 揺れ動く熱帯アジアのキチョウ相

　私は1997年5月に2年間の任期を終わって，一応の野外生態学の研究拠点としての設備と活動できる条件を整えたアンダラス大学スマトラ自然研究センターを残して，パダン市を去った。しかし20年以上にわたるこの大学の研究者たちと，われわれスマトラ自然研究計画のチームとの協力は現在も継続している。私もその後1997年11～12月と1998年3～4月にはパダンを訪れ，この研究センターに滞在して研究協力の仕事をした。整備した研究室は，私たちのいないときも，インドネシアの研究者たちによって，私がきたらいつでも仕事ができるように管理されていた。

　長期赴任の時期から離任した後の，2回の訪問期間中に，私はそれまでの共同研究のフォローアップをしながら，時間を作っては懐かしい研究センターの庭でチョウの採集をしてみた。特にこ

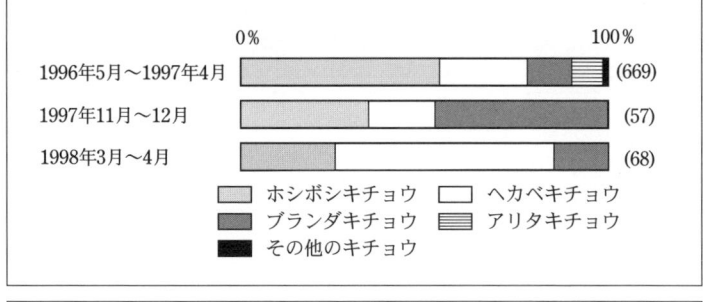

図 8-7 ウル・ガド調査区の1996～1998年のキチョウの種構成の変化。（ ）内は調査個体数

図 8-8 ウル・ガド調査区の1996, 1997, 1998年のキチョウの種構成の変化（1997年12月および1998年3～4月の調査結果を，前年のほぼ対応する時期の結果と比較）

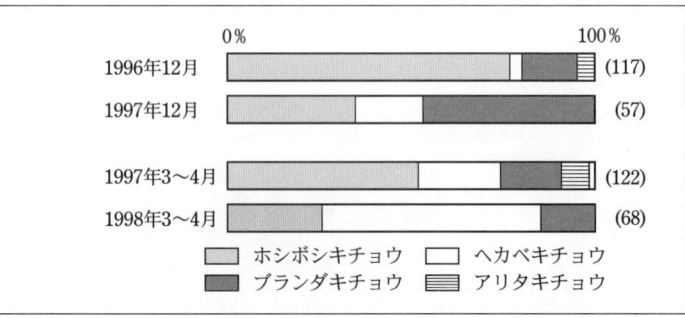

のキチョウ群の状況を観察した。

　その調査を繰り返してみて私が驚いたのは，キチョウの種構成が私の赴任期間中とかなり変わっていることだった．特に以前の滞在期間中は圧倒的に多かったホシボシキチョウが減って，ブランダキチョウやヘカベキチョウの割合が増えていた．1997年11～12月にはヘカベキチョウが，1998年3～4月にはブランダキチョウが優占種となっていた．その結果を図8-7に示した．

　この図では1995～1997年の2年間の種構成と，その後の2回の調査結果とを比較しているが，種構成の季節変化があった場合を考えて，後の2回の調査結果を前の2年間のうちのそれぞれの調査時期に対応する期間だけのデータを抜き出して比較したのが図8-8である．

　この図8-7と図8-8のいずれを見ても，1997年後半以降のキチョウ相が以前と大きく変わっていることが明らかである．同じ場所で同じ方法で採集した結果を比べても，種構成が大きく変化していることが認められる．一見したところこの地域の環境特に植生の状態などがほとんど変わっていないのに，どうしてこのような大きな変化ができたのだろうか．

　この1997年5月から同年11月までの間にあった大きな変化は何だろうか．私はもし何か大きな環境の変化があったとすれば，それはこの年の8～10月の熱帯アジア，特にスマトラとカリマンタン（ボルネオ）の大森林火災ではないかと考える．

　11月に私がパダンを訪れたのはこの火災が収まった直後であり，西スマトラ州は火災のために焼失した森林などの面積はカリマンタンやスマトラ東南部に比べると少なかったが，この大火災の影響はいろいろな面に残っていた．特に3ヵ月近く空が煙に覆われてほとんど太陽を見ることができなかったために，農作物をはじめ植物の受けた影響は大きかった．西スマトラの各地で水田は収穫期を迎えていたがほとんど実りがなく，灰褐色のススキのような稲穂が見渡す限りの水田に広がっているありさまは悲惨な

写真 8-3 森林大火災による日照不足で実っていない水田（1997年11月）。例年なら黄色い稲穂に覆われる水田にはまばらな穂が見えるだけ

ものだった（写真8-3）。私は昔の飢饉，特に昭和初年の東北地方の冷害の写真を思い出した。私が見て回った西スマトラの水田地帯の収穫は例年の1〜2割というのが，各地の農民の話だった。幸いに里山のヤシやバナナは例年の5割程度の収穫があり，農村地帯の困窮をいくらか和らげているようだった。

　この影響が西スマトラの私の調査地域に何らかの環境変化を引き起こして，それがこのキチョウ相の変化として現れたということも考えられる。しかしその具体的なところはまったくわからない。ただ，多雨熱帯の豊かな自然のなかにあっても，このキチョウ相に見られるように，動物群集は私たちの目の前で年々大きく変動しているものであり，ある時期に調査された資料がいつまでも同じ状況を示しているとはいえないことを知っておかなければならないだろう。

9 変わりゆく熱帯アジアの自然

9-1　フレーザーズ・ヒル再訪

　　年たけて　また越ゆべしと　思いきや
　　　　　　命なりけり　さやの中山　　　　　（西行）

　深い熱帯雨林を縫って走る自動車道路を登っていくと，ギャップという地名の峠道沿いの高い石垣の上に，赤い屋根と白い壁の北欧風のレストハウスが，30年前と同じように立っていた。マレーシアの首都，ツイン・タワーともよばれている二つの高い塔のようなビルディングに代表される近代都市クアラルンプールから北へ2時間余り，よく整備された片道3車線の高速道路から2回横道へそれて，さらに1時間，大型車がやっとすれ違える2車線の山道をたどると，あたりは深い森林となる。この道を登り切った峠の所で道はまた二つに分かれる。右の下り道はマレー半島を斜めに横切って東岸のコタ・バルに向かう。左のわずか1車線の細い上り道は，ここから約8kmのフレーザーズ・ヒルの山頂に通じている（図9-1）。この分岐点で私は車を下りて，あたりの風景に30年前の記憶をたどった。ここは私が1964年12月と1966年9月に，吉川公雄さんと坂上昭一さんとともにハラボソバチの社会生態の研究をした懐かしいフィールドである。
　1997年6月にパダンにおける2年間の任期を終えて帰国した私

は，その年の12月，パダンのスマトラ自然研究室がうまく運営されているか，野外調査地区がどのようになっているかを見るために，職務を離れた個人としてまた西スマトラを訪れた。10日間のパダン滞在のあと，私は久しく訪れる機会のなかったマレーシアへいくために，ペランギ航空のフレンドシップ機でクアラルンプールに向かった。このマレーシアゆきの目的の一つは，1966年以来見ることがなかったフレーザーズ・ヒルへいくことだった。まずマレーシア農科大学を訪問して関係のある研究室を回り，行われている研究を見学したり，マレーシアの学生やアジア・ア

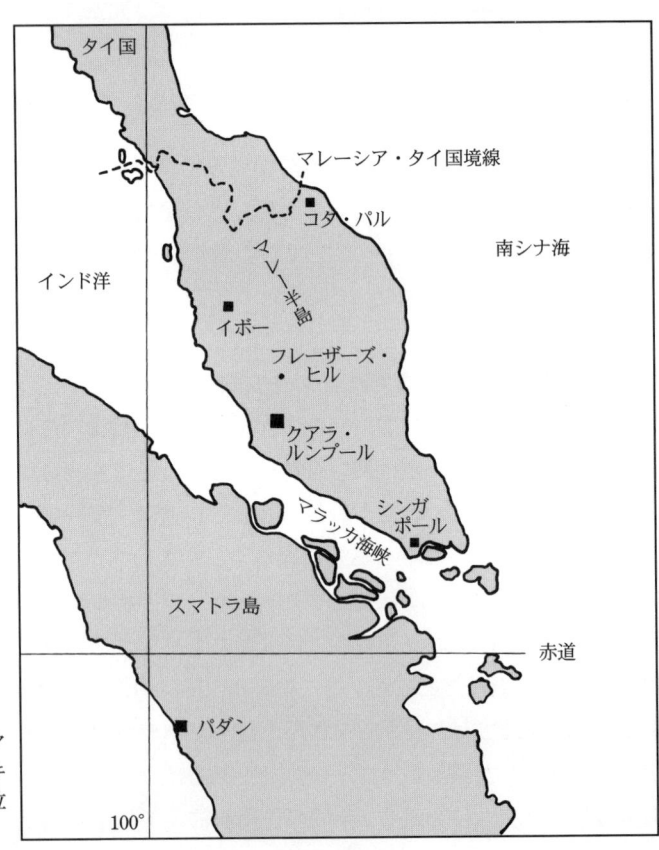

図 9-1 マレーシア（マレー半島部）ブキット・フレーザーの位置を示す

9-1 フレーザーズ・ヒル再訪

写真 9-1 ギャップの峠道に建つレストハウス。30年前と同じ風景である（ブキット・フレーザー，マレーシア，1997年）

ラブ各国の留学生といろいろな話をして，次の日，インドネシアからこの大学に留学しているアンダラス大学のイェティ・マルリダさん一家とともに，念願のフレーザーズ・ヒルを訪れた。そうして30年前の記憶に鮮やかに残るギャップの峠道のレストハウスに再会したのである（写真9-1）。

1964～1966年当時，私たちはあのレストハウスに泊まって，この分岐点を中心に数キロの間の道沿いの崖や森の茂みの中で，このあたりに多い毒蛇に注意しながら，東南アジア特産の社会蜂であるハラボソバチの巣を探した。そうして一つ一つの巣の特徴を記録し，働いているハチの数を数え，個体識別のマークを付けて行動の観察を続けたのだった。その結果，それまでのウィリアムスやパグデンの断片的報告によってわずかに知られていたこの一群のハチが，多種多様な形と材料の巣を作り，独特の生活様式をもつばかりでなく，単独性から社会性に移行する途中のさまざまな生活様式を示すことがわかってきた。ある種（オオハラボソバチ属の多く）は，巣ごとに1個体の雌ハチが数個体の幼虫を保育するだけの養育性ドロバチ（日本のオオカバフスジドロバチな

ど）と同じ生活をするのに対して，ある種（ヒメハラボソバチ属など）は1巣に多いときには20個体以上の雌ハチが同居して共同で数十個体の幼虫を育てる，かなり進んだ分業をするアシナガバチのような社会生活をするハチであることがわかってきた。この研究が一つのきっかけとなって，その後イギリス，イタリア，ドイツ，アメリカの研究者が競って東南アジアを訪れてこのハチを研究するようになった，私たちにとっても記念すべきフィールドである。

　このとき一緒にここで野外研究にいそしんだ吉川さんも坂上さんも亡くなり，最も若かった私一人が生き残って，今またこのフレーザーズ・ヒルを訪れることができたのである。私は白い壁と赤い屋根のレストハウスの背後の，暗い雨雲のかかる熱帯雨林に覆われた山の斜面に，体長1cmほどの蚊のように細くて真っ黒い小さなハラボソバチを求めて，ここで一心に採集をし，観察しては記録をとっていた30歳代の若かった私たちの幻を重ねて感慨無量だった。

　フレーザーズ・ヒル（マレーシアの現在の名前はブキット・フレーザーだが，今もイギリス植民地時代からのフレーザーズ・ヒルの通称で知られている）は，クアラルンプールから北へ直線距離にして約70kmの山中にある，フレーザーというイギリス人植民者の開いた小さな高原リゾート地である。こうした植民地時代からの高原避暑地としてはペラク州のカメロン・ハイランドが有名だが，フレーザーズ・ヒルはカメロン高原のような町ではなく，幾つかのホテルとわずかな別荘や日用品を扱う商店と，小さなゴルフ場や散策路だけの静かなリゾート地である。同じような形の4〜5階建てのホテルが7〜8棟，駐車場を兼ねた広場とともに小さな山頂全体を占めている。周囲は熱帯雨林に覆われた急峻な山々で，西8kmくらいの所にセランゴール，パハン，ペラク3州の州境に位置するリアン山（1963m）があるはずだが，いつも雲に隠れて見えない。

9-2 荒れたマレー半島の自然

　マレーシア特にそのマレー半島部は，私の知る限り，東南アジアでも特別な印象を受ける土地である。北部のケダー州などを除いては，鉄道や大きな国道沿いには，小規模な水田や畑をほとんど見かけない。国の中心となるクアラルンプールのあるセランゴール州や大都市イポーのあるペラク州などのインド洋側の海岸平地は，いけどもいけども荒れ地ばかりである。人一人見当たらない荒れ野の中に広い舗装道路が走り，漢字の看板が目立つ商店の並ぶ小さな町や，時には広い庭に洒落た家が建つ避暑地のような町が点在する。飛行機から見ると赤茶けた，むき出しの大地に，緑や青のあくどい色をした水がたまった大きな池が散在する。露天掘りの錫鉱山の跡である。これを見ると，近世のヨーロッパ文明がいかにこの熱帯の大地を収奪したかが身にしみてわかるような気がする。錫の採掘で荒れ果てた平原と鮮やかな対比を見せて，海岸沿いの平地や丘陵の一部には，整然とした広大なゴム園やヤシ園が広がり，急峻な山々の斜面は熱帯雨林の濃い緑の原生林に覆われている。

　1964年と1966年に吉川さんと一緒に私がマレーシアを訪れたとき，ペラク州の教育長だったアンブローズさんに大変お世話になった。その関係でペラク州の教育関係の方々といろいろと話す機会が多かった。ちょうどその当時シンガポールと分離したばかりのマレーシアの国について話し合ったとき，ある人がいった。「マレーは錫とゴムだ」。別の人がそっと付け加えた。「あとはジャングルだけだ」。これはかなり誇張した言い方かもしれないが，今は亡きアンブローズさんの思い出とともに，この言葉が私の記憶に強く残っている。

　錫とゴムがもたらした荒れ果てた平原と，人手の入らない原生林に覆われた急峻な山地が共存しているのがマレー半島だという私の印象は今も変わらない。そこには私たちがアジアの国々で見

慣れている，家族単位で田畑に出て農作業に勤しむ，普通の人間の営みらしい農業が入り込む余地がない。1997年に私は自動車でマレー半島中部のハイウエーを3時間以上走ったが，水田はおろか畑らしいものをまったく見なかった。錫の露天掘りの跡のむき出しの赤土と，異様な色の水をたたえた池や水路，そして棘(とげ)のある灌木や草がまばらに生えている荒れ地が果てもなく続く平原を走りながら，人間がよくもここまで自然を搾取できたものだという感慨をもった。この平原に住んでいる人たちがどんな生業に頼って生活しているのだろうという疑問が，今でも私の頭を離れない。

　マレーシアは今，シンガポールとともに近代化の路線を進みつつあるアセアン諸国のなかでも最も進んだ国といわれている。しかし工業化は進んでもこれほど荒れた国土を抱えて，この国はこれからどうしていくのだろう。今のマレーシアの一部であるボルネオ島のサラワクやサバにおける原生林の収奪と，それをめぐる行政当局や企業と現地住民との葛藤は，いろいろな形で日本にも伝えられている。私はマレーシアの将来に大きな不安を抱かざるをえない。それは熱帯アジアの自然とどう共存していくかという，日本のわれわれにもかかってくる課題である。

9-3　亡びゆく東南アジアのハラボソバチ

　話を元のフレーザーズ・ヒルに戻そう。私がここを訪れたのは，亡き共同研究者の吉川さんと坂上さんの追憶のためであったが，同時にここがハラボソバチの研究場所として，30年前と同じように多くの種が棲むよい自然条件を保っているかどうかを調べるためでもあった。特に1994～1996年に見た，一つの巣に20個体以上の雌ハチが同居する，進んだ社会を作っているヒメハラボソバチの1種が，ここにまだ棲んでいる可能性があるかどうかを確かめるためでもあった。本来，湿度が高い熱帯雨林の薄暗い林床を棲み場所として，クモの網にかかった小さな虫を餌とするとい

9-3 亡びゆく東南アジアのハラボソバチ

う特異な生態をもっているハラボソバチ類は，1979年から私がフィールドとしているインドネシアのスマトラやジャワでも，ここ10年の間に目立って減少している。フレーザーズ・ヒルのような比較的自然を大切にしているリゾート地の周りでも，30年前と同じような多種多様なハラボソバチの活動が見られるかどうか，私はいつも気にかかっていた。私は記憶をたどって，かつてここでたくさんの巣を見つけた地点のあたりの，崖のくぼみや混み合った茂みの下などをのぞきこんで探した。

熱帯林に覆われた山腹を縫う道路は，見たところ30年前とほとんど変わっていない。以前より舗装した部分が広くなって，大きな道路標識が増えているほかは，周りの森林も道端の灌木の茂みもそのままである。ただ，森の中に入ると大木から垂れ下がっている大きな蔓植物が減って，森の中が明るくなっているように思われる。フレーザーズ・ヒル一帯は自然保護区になって，動植物の採取が禁じられている。「取るものは写真だけ，残すものは足跡だけ」（Take Nothing But Photographs, Leave Nothing But Footprints）という標語と，虫や花と足跡のイラストを描いた面白い立て札が各所にある（写真9-2）。そうした意味では自然環境

写真 9-2 遊歩道やゴルフ場などの各所に立てられている自然保護の立て札（ブキット・フレーザー，1997年）

はかなり維持されているといえよう。荒らし尽くされた平地と，野生のままの山地というマレー半島の特徴がここにも見られる。しかし以前はバスと材木を運ぶトラックが時々通るだけだったこの山道に，数分おきに行き違う乗用車は，山の自然にも大きな変化が及んでいることを推察させる。

　ハラボソバチの巣は，自然のなかでも人工の物でも雨の当たらない物陰の薄暗い所に多い。道路や水路際の崖の土庇(つちびさし)の下や大木の洞，捨てられた建物の軒下や天井が私がまず目をつける探索場所である。そうした場所は今でもあちこちに残っているが，ハラボソバチの巣は30年前に比べて数が少ないばかりでなく，種相も単純で，ほとんどが東南アジアに広く分布するラセンヒメハラボソバチかメリイヒメハラボソバチである。古い建物の壁にはイワハダハラボソバチの特徴ある巣が見つかる。30年前にもこれらの種の巣は多かったが，それ以外にもさまざまな形をした巣が見つかった。1966年に調査したときにはこの道沿いに約3kmの間で3人がかりで調べて，大きく分けて9タイプに属する645の巣を見い出した。この数は後で述べる道の下を横切る水路トンネルの中の無数の巣を含んでいない。この645巣は，ラインセンサスの100mあたりに換算すると21を越えた。今度，私一人で100mほどの範囲で巣のありそうな場所を調べてみたが，見つけた巣は2タイプの3巣だけだった。もちろん今回は通りすがりの観察にすぎない。しかし，かつてたくさんの巣があったと私の記憶に残る幾つかの地点を集中的に調べてみたこの結果は，巣の密度と多様性の低下を暗示している。今残っているのは東南アジアの山地から町の中までどこでも広く棲んでいる種だけである。一見したところ周囲の自然景観はあまり変わっていないのに，ハラボソバチの密度と多様性は大きく低下している。

　この変化が特によくわかるのは，渓流が道路と交差する所に作られた水路トンネルの中である。高さも幅も1mほどの，人がしゃがんで入れるくらいのコンクリートの丸いトンネルの天井は，

9-3 亡びゆく東南アジアのハラボソバチ

写真 9-3 1966年にはいろいろな種のハラボソバチの巣の大集団があった道路下の水路トンネル（ブキット・フレーザー，1997年）

　1966年当時は隙間もないほどにハラボソバチの巣で覆われていた。奥から入口にかけて，土で作った大きな釣り鐘型の巣をつり下げるオオハラボソバチ，かみ砕いた木材で天井に馬蹄形の巣を張り付けるイワハダハラボソバチ，パルプで部屋を縦に2列に並べた細長い巣を作るラセンヒメハラボソバチの1種と，トンネルの中を見事に棲み分けた数えきれないほどの巣は，蚊柱のように舞い立つ大小無数のハチとともに，私の記憶にはっきりと残っている。導水トンネルの中にできるこのような大きなハラボソバチの巣の集団は，1980年代前半までは私の次の調査地であった西スマトラでもたびたび観察できた。今ここでトンネルの中をのぞいて見ても，イワハダハラボソバチの巣が幾つか見られるだけで，いろいろな種のハラボソバチの巣がトンネルの天井を埋め尽くしたかつての壮観はどこにも見られない（写真9-3）。
　私が1979年以来調べてきたジャワ，スマトラでも，観察され

るハラボソバチの種は1990年代に入ると著しく減少してきた。その巣の発見効率も目立って低下している。これは私たちの目に見える山岳道路の開発や，森林の伐採などの自然景観の変化にかなり先行している。元来が深い原生林の居住者だったハラボソバチは，熱帯の原生林にも及んできた自然環境の変化をいち早く感じとっているのではなかろうか。

　フレーザーズ・ヒルのハラボソバチを取り上げて，私はこの30年近く見守ってきた東南アジアの多雨熱帯の野生の自然が，われわれの目に見えにくいところでも，しだいに変化しつつあるのではないかという疑念を述べた。広い面積の森林伐採や，油ヤシのプランテーションの造成，ダム建設や山岳道路の開発などのような，日本の新聞やテレビなどでしばしば報道されるような，はっきりと目に見える自然破壊のあとはない，一見，昔からの森林が残っているところでも，熱帯アジアの自然が徐々に変質しつつあるらしいこと，そうしてその変質が最近の十数年つまり1980年代後半から加速してきたらしいことを私は推測している。

9-4　スマトラの残された自然とその変化

　マレー半島の自然を見ていると，私はここと狭いマラッカ海峡を隔てて向かい合うスマトラの山野を思い出す。地史的に見ても，気候や生物分布の上から見てもほとんど同じ自然環境であったはずの（もちろん詳しく見ればいろいろな違いはあるが），スマトラの山野で，私は1979年から今まで20年近く，自然の動植物の生態と町や村の人々の生活を見てきた。

　マレー半島のインド洋岸とスマトラのインド洋岸を比べてみると，同じような自然環境が，そこに住んだ人間の営みによってどんなに違ったものになるかということを，まざまざと見せつけられるような気がする。大きな都会や広い自動車道路沿いの町のほかは整然としたヤシやゴムのプランテーションと，亜鉛鉱山跡の青や緑の原色の大きな池が散在し，ほとんど人影のない荒れ地ば

9-4 スマトラの残された自然とその変化

かりの広がるマレー半島西海岸に対して,スマトラ西海岸の火山と高原の麓に展開する丘陵地帯には,今でも澄んだ野川が流れ,湿地には水牛が休み,村の女性たちが川で洗って干した衣類などが,まばらに草の生えた川原を彩っている。谷ごとに小さく区切られた緑の水田地帯の中の小さな村々が,ドリアンやバナナをはじめとする多種多様な有用樹と灌木の茂る里山に囲まれている。

写真9-4 自動車道路建設のための石材と砂利採取で荒らされた山(西スマトラ,1998年)

写真9-5 山地の自動車道路工事による土砂流出で濁る渓流(西スマトラ,1998年)

写真 9-6 原生林に覆われていた山は焼き払われて畑になる。煙が上がっているのは森を焼いているところ（西スマトラ，1995年）

写真 9-7 開拓された原生林は1年後には一面のキャベツとパッションフルーツの畑になる（西スマトラ，1995年）

　マレー半島部の原風景は知らないが，今の二つの地域の景色は，ここ2世紀の人間の営み ——具体的にいえば世界の近代の工業化をリードしたイギリスの植民地経営—— によって大きく違ったものになってしまっている。
　山地帯に入るとこの景色は少し違ってくる。マレー半島の山はまだ深い原生林に覆われている部分が多い。一方，スマトラの山

9-4 スマトラの残された自然とその変化

写真 9-8 原生林を開拓した畑で収穫したが売れずに捨てられたキャベツの山(西スマトラ,1995年)

地は昔からの山住みの人たちによって続けられた焼き畑によって,気候のよい高原は広い草地と灌木原になっている地域が多い。この古い焼き畑地帯はそれなりに安定した生態系を維持しているように見えるが,この安定した焼き畑生態系と,深い山地の斜面などに残っていた熱帯雨林の原生林は,20世紀最後の10年余りの間に,山岳道路の開発と国内および国際市場に向けた商品作物(キャベツなどの高地野菜やニッケイなどの香辛料)の大規模かつ無計画な栽培によって急速に変わりつつある。この近年の開発は私がスマトラで調査を始めた20年前にはまだそれほどではなかったが,1990年以降になって特に大規模になり目立ってきた。今,熱帯アジアの自然の荒廃は各種の報道でよく取り上げられているが,その現れ方は広い熱帯アジアの地域によってそれぞれに違っている(写真9-4, 9-5, 9-6, 9-7, 9-8)。

さきに述べたが,私が東南アジアで主に昆虫を対象として生態研究を始めてから20年ほどは,ハラボソバチを主とした社会性昆虫の行動研究をしてきた。そのなかでも1966年のマレーシアのフレーザーズ・ヒルの調査は1981年から1984年にかけての西スマトラのパダン郊外のテル・カブンおよびルブック・ミントロ

ンの調査とともに，特に目立った成果のあがった調査として，私の記憶に残っている。その間に経験した東南アジアの自然と，そこに住んでいる人たちの暮らしがしだいに変わっていくのを目のあたりにして，それまでとは別の角度で，熱帯アジアの自然の移りゆきを見てみようとしたことは，この本のはじめの，チョウの研究を始めた経緯の中で述べた。ここで私は原生林の中でひっそりと生きているハラボソバチから離れて，人間の暮らしと深くかかわっている都市郊外の野原や農山村の里山の自然とそこに棲むチョウを通して熱帯アジアの自然の一面を見ることとした。

9-5　チョウを通して熱帯アジアの自然の変化を追う

　私は西スマトラの人たちが暮らしている町や村々の周りの自然を，そこに棲んでいるチョウの生活を通じて見ようとした。そこで私が見たものは，自然環境と社会が急速に変わりつつある1995年から1998年にかけての，インド洋に面した赤道直下の地方都市と農山村を取り巻く自然の姿である。そのなかから私は，今，世界の環境問題の焦点の一つとなっている多雨熱帯アジアの現状の一端をのぞくことができたような気がする。

　ここで取り上げたのは，大きく美しくきらびやかな熱帯のトリバネアゲハやキシタアゲハのような有名なチョウではない。温帯の日本で私たちが日頃身近に接しているものとあまり変わらない，小さくて単調な色彩と模様をした平凡なチョウが中心になっている。その舞台は雄大な熱帯雨林ではない。数十年か百年前には原生林だったかもしれないが，今では長年にわたる人々の暮らしと，ごく最近になって急速に進行している近代化（主に自動車道路の建設と大規模なプランテーションの造成，工場や住宅地の開発）によって荒らされ，森林は失われ乾燥化が進んでいる草原や灌木原に代表される町の周りの荒れ地と，古くからの農山村の生活が営まれている村を取り巻く水田と畑と里山である。

　このなかで生きているキチョウ，コジャノメ，チャバネセセリ，

オナシアゲハなどのごく普通のチョウが私の研究対象となった。近代の産業と人間生活によって開かれ，荒らされた自然も，まぎれもなく今の地球に残されている多雨熱帯の自然の一部なのである。人手に汚されていない原始の大自然にあこがれる人たちには見捨てられた荒れ地の自然を通して，熱帯アジアの自然環境と動植物がどのように見えてくるのかが，私の今の関心事だった。どんなに荒れた自然であっても，その中で動植物はしぶとく生き続けて，また新しい生態系を作り上げていく。そのでき上がった自然は，元の原始林と沼地の自然とは大きく違っていても，まぎれもなく熱帯アジアの自然生態系なのである。この現在の目の前にある熱帯アジアの自然のなかで，ごく普通のチョウをたくさん採集して，繰り返して見ることによって何が見えてくるのかを考えるのが，私の仕事であった。

　そのなかからまず見えてきたものは，今もなお温帯地域に比べると高い多様性を保っている熱帯アジアのチョウ群集の姿と，そのなかで著しい森林種の減退と草原種の進出・繁栄であった。

　調査区のなかで最も力を入れて調べたウル・ガドのスマトラ自然研究センターの庭と周辺の草地のように，いったん人の手で開かれてから放棄された荒れ地でも，日本の同じような環境の2倍以上の83種という多種のチョウが採集された。それらのチョウの成虫の活動場所や行動をよく見ると，特に一見同じような棲み場所に，近縁の数種のチョウが共存していることは，まだ私にはよくわからない熱帯の豊かな生物群集の構造や機能を暗示するように感じられた。さらによく熱帯アジアの自然の姿を維持している里地・里山のシピサン村や山畑と熱帯雨林の混在するガド山調査区では，このことが一層よく感じられた。シピサンやガド山では，ウル・ガド地区と同じくらいの時間と手間をかけた調査ができれば，ウル・ガド地区の2倍以上の種が確認できるとともに，多雨熱帯の生物群集の構造と働きがよりよく見られるだろうと感じた。

同時にこのような熱帯の自然が今急速に変化しつつあることが，草原性の外来種の活動として現れていることを実感した。それは今ではスマトラのどこにでも見られるオナシアゲハの繁栄と，まだ牧草地やアランアランの草原など一部の場所に限定されてはいるが，ホシボシキチョウの圧倒的な数によって示される。この2種は最近まで熱帯アジアにはほとんど生息していないとされた種である。亜熱帯のモンスーン地域に分布していたオナシアゲハがこのように広く多雨熱帯地域に見られるようになったのは，アランアランの草原の中で活動し，夜はその草むらで休んでいるこの種の生態と深く関係しているように感じられる。それは熱帯雨林の樹冠や林縁に活動している大きなトリバネアゲハやキシタアゲハの生活と対照的なものである。

　オナシアゲハの問題はある程度私も予想できたが，ホシボシキチョウの問題は私にとって，まったく思いがけないことだった。熱帯アジアのキチョウ群は種が多いから，種間関係を調べると面白いだろうという予想はあった。しかしここの多雨熱帯の草原に，アフリカのサバンナ地帯を故郷とするホシボシキチョウがこれほど多いとは思わなかった。しかもその繁栄している場所がごく限られていて，人間によって荒らされたあとで放棄されたアランアランの草原や，外来の牧草だけが広がっている開墾地であり，古くからある村々や，その周りに広がる里山には，アジアに広く分布するヘカベキチョウやブランダキチョウが優占していて，種相がまったく入れ替わっていることが，各地で採集を重ねるにつれてはっきりしてきた。さらに1997年以降に調べてみると，このキチョウの種相がまた替わって，ホシボシキチョウが優占していた荒れた草原地帯に，またヘカベキチョウなどが増え始めているらしいことがわかって，私を混乱させた。こうした経験を通じて，私はこの熱帯アジアの自然が，今でも私たちの目の前で大きく変化し続けていることを，あらためて実感することができた。

　熱帯の自然が荒れているということは，近年特によくいわれて

いる。壮大な熱帯雨林が見るかげもない赤土のはげ山になっていく姿や，広大な油ヤシのプランテーションにかわっていくありさまは，しばしば新聞雑誌の記事やテレビ映像として私たちの目にふれている。また，熱帯の珍奇な動植物が棲み場所の破壊や乱獲のために減少し，絶滅していくことが，熱帯の自然を見守っている人たちによって報告されてきた。

近頃では世界の多くの人たちによく知られるようになったこれらの現象は，確かに熱帯の自然の変化の一面であるが，私は熱帯アジアのどこにでもあるような，人間の暮らしを取り巻いている都市郊外や里山の自然も，気がつかないうちにしだいに変わっていっているのではないかと感じることが多い。この熱帯アジアの自然が今どのように変わりつつあるかを，単なる印象だけではなく（第一印象も大切だが），ハッキリした資料で確かめる必要があると考えている。

東南アジアのチョウを調べた人は多い。特に優れたアマチュア採集家の人たちは実に熱心に，不便なアジアの辺境にまで採集と観察の手を伸ばして，チョウの標本と記録を集積してきた。乱獲などという批判もあるが，この多くのアマチュア研究者の無償の努力なしには，熱帯・亜熱帯アジアのチョウの種相と分布や種内変異の現状は今のようには明らかになってこなかったであろう。

私はそうして明らかになってきた熱帯アジアのチョウ相の知識の基礎のうえに立って，人手の入らない原生林や僻地ではなく，誰でも見ている人里近くの普通の自然のなかのチョウの生態に接近しようとした。

西スマトラの三つのフィールドでチョウの採集を繰り返して，私はそれまでの20年以上の経験から一応作り上げていた熱帯アジアの自然と虫の生態のイメージが裏づけられた部分と，それまでは気がつかなかった点にあらためて興味をひかれたところを，あらためて意識した。

それは当たり前のようだが，やはり熱帯ではチョウの種数が多

いということである。種数が多いということと多様性が高いということとは必ずしも同じではないが，熱帯のチョウ群集は多様性が高いといってもよいだろう。これはチョウ以外の昆虫でもいえる。それは本や映像などで一般によく知られている大きな，あるいは変わった色彩や形をした熱帯特有の虫よりも，むしろ人目につかない小さな虫，ウンカやカメムシや小さい甲虫類などに，よりはっきりと現れている。これはこのチョウの調査と平行して行った草原や灌木原の昆虫の調査によっても知ることができた。しかしまた，この多様性は昆虫のすべてのグループについて見られるとはいえない。私はアンダラス大学のイズミアルティ講師とその学生たちのアナイ川水系の川の底生昆虫群集の調査に協力していたが，日本の河川底生昆虫調査とほぼ同様な方法で行ったその採集結果を見ると，採集されるカゲロウ，トビケラ，ユスリカ，水生甲虫類などの種数は，日本の資料に比べてやや少なかった。熱帯ではどのような分類群，あるいはどのような生活様式の動植物の種数が温帯に比べて多く，あるいは少ないかは，個々の分類群について詳しく検討する必要がある。これらの資料はまだ整理中であり，また別の機会にまとめたいと思っている。

9-6　熱帯アジアのチョウの多様性を支えるものは何か

　熱帯の動植物の種数が多いということは，今では半ば常識になっている。しかしそれは特に種相の調査が進んでいる若干の動植物群，例えばサルなどの哺乳類や，鳥類，昆虫のなかではチョウやカブトムシやアリなどについて調べられた資料をもとにして，動植物全体の種数を推し量っているところが大きい。すべての動植物群のそれぞれについて，熱帯（特に多雨熱帯）では温帯に比べてどの群でも，あるいはどんな場所でも種が多いかどうかは，なお今後の研究課題である。

　熱帯の動植物の種が圧倒的に多いのは，あの壮大な景観を見せている熱帯雨林であるといわれる。熱帯雨林はその巨大な生物現

存量と，複雑な樹林の構造による多様な棲み場所の存在から，多くの種の動植物を同時に受け入れ，生活させ，繁殖させることができると考えられる．さらに種が増えればそれらの種間関係が複雑になって，新たな種間関係を生み出す．熱帯の生物多様性の一端はこの生息場所と生態的地位の多様性の増大によって理解することができる．

それでは熱帯でも，熱帯雨林以外の灌木地帯や草原あるいは耕地など，温帯にもあるような比較的単純な構造をもった生態系においても，はたして動植物の種数が多いのか，別の面から見れば生物多様性が高いのか，まだ十分な検討がなされていないと思う．

私はこの調査では，温帯と似通った景観である都市郊外の開発後の荒れ地にできた灌木混じりの草原や，長い年月にわたって人と共存してきた丘陵地帯の農山村を取り巻く里山で，種数が多いか少ないかを見てみようと思った．つまり熱帯雨林のように多様化した生活場所をもつ環境よりも，比較的単純な構造をもって，温帯の自然とも共通性の高いウル・ガド地区の調査データを，同じように見える日本の都市郊外などの灌木・草原地帯と比較するところから，熱帯アジアにおける種の多様性の一端を解明しようと考えた．

実は，多雨熱帯では環境の多様性が温帯よりも低くなるのではないかと考えられる要因がある．それは温帯の動植物の動きを支配している季節変化である．温帯では1年の中で季節によって気温，降水量，供給される太陽エネルギー量，日長とそれによって生じる植物の萌芽，開花，成長，結実，落葉など，動物の生育と繁殖をめぐるさまざまな活動が入れ替わりながら進行する．環境の変化は動植物・微生物の活動に影響を与え，それによって変化する動植物・微生物の活動は，また環境や他の生物活動に影響する．この環境と生物活動の作用・反作用の連鎖が，毎年のように反復されて，温帯の動植物の多様性の基盤となっている．もし熱

帯でこの季節変化が不明瞭になれば，環境の時間的多様性が熱帯では温帯より小さくなるのではないかと私は考えていた。この点を確かめるために，私は多雨熱帯におけるチョウの季節変化を詳しく追求したのだった。その結果，多雨熱帯のチョウが，温帯のようなはっきりした季節的変化を示していないことを確かめることができた。

　ところがこのように季節変化がはっきりしないにもかかわらず，1年を通じて観察できるチョウ相から見ると，日本の一般の灌木・草原帯に比べてウル・ガド地区のチョウの種数は明らかに多い。近くの熱帯林から偶然に入ってくる種もあるから，83種というこの種数はいくらか過大であろうと思うが，この地区に定住していると思われる種だけでもかなり多い。季節的なチョウ相の変化を考えて，同じ時期に活動している種数で比べてみると，この熱帯アジア灌木・草原でのチョウの種多様性はさらにはっきりしてくる。チョウの各グループの季節的，空間的活動についてはさきに述べたが，ここでは熱帯の種の多様性の観点からどのようなところに熱帯アジアの特性が現れているのか，少しまとめてみよう。

　日本にはいないが，熱帯アジアに多いマダラチョウやワモンチョウなどの各種は，毒をもって天敵の捕食を回避したり，薄暮活動性のような独特の活動様式をもって，熱帯アジアのチョウの種多様性を支えている一因となっている。日本とも共通のシロチョウ科やタテハチョウ科などそれ以外のものについてみると，スマトラに多くの種が分布するキチョウ群では，それぞれに少しずつ活動場所をずらせている例を前章でまとめた。このような例は詳しく調査すれば，もっと多く見つかるだろう。

　さらにウル・ガド地区のデータをよく見ると，日本では普通1種で占めている棲み場所あるいは生態的地位を，数種の種群で占めているものが目につく。明るく開けた草地で活動しているタテハモドキ群の3種，薄暗い灌木の下で活動しているジャノメチョ

ウ群の5種，林縁部の明るい場所と薄暗い場所の境目に活動するキマダラセセリ群の数種など，その例は多い。一見共存しているようなこれらの種群は，もっと観察の角度，特に幼虫の生活や繁殖生態などから見れば，環境を細かく分割しているのかもしれないが，少なくとも日本では1種のチョウが占めている棲み場所や生態的地位に，同じ時期に3〜4種あるいはそれ以上が入っているように見える例が目立って多い。熱帯雨林のようにもともと非常に多くの生息環境を含んでいる場所でなくとも，ウル・ガドのような荒れ地の灌木・草原生態系でもよく似た数種の共存している例が見られることは，熱帯のチョウの種数が多い原因の一つと考えられる。これがもともとあり余る熱帯の豊かな資源をきびしい競争なしに共有しているのか，あるいはこの資源を種ごとにさらに細かく分割して利用しているのかはまだわからない。今回は調べられなかった幼虫の食物選択性などを確かめれば，この点がかなり解明できるのではないか。

　ウル・ガド地区に比べると，シピサンの里山やガド山の熱帯林と山畑の混じった場所では，地形が複雑で樹林が大きいために採集が難しくて正確な比較はできないが，同じような場所に，似た種が数種，同時に見られるように思われる例がしばしばある。特に種数の多いタテハチョウのなかのイナズマチョウ群，ミスジチョウ群，イチモンジチョウ群やジャノメチョウのなかのウラジャノメ群などでその傾向が見られる。さらにまた違った角度から見ると，熱帯の特色をよく表しているマダラチョウやワモンチョウの生態のなかにも，さきに指摘した毒の利用や活動時間帯の変化のほかにも，熱帯のチョウの種の多様性に迫るヒントがいろいろと隠されているような気がする。残念ながらこの大きな森と，込み入った地形のなかの山畑を対象としたとき，私の個人的な努力では問題のヒント以上のものは見い出されなかった。

　壮大な熱帯雨林をはじめ熱帯アジアの陸上・淡水生態系についての総合的な研究の必要性は，すでに1960年代の国際生物調査

計画 (IBP) のときから多くの研究者によって主張され，部分的には実施されてきた。1990年代に入って地球環境問題が世界の課題となるにつれて，この必要性はますます強く意識されるようになってきた。今では熱帯アジアの若干の地域で，地域生態系の総合調査を意識した生物相あるいは生物群集の調査が進められている。私がまだ直接に見る機会はないが，熱帯アメリカや熱帯アフリカでも同様であろう。研究のための施設や機器類も，研究計画立案や取りまとめのためのソフトウェアも，私たちが熱帯研究を始めた頃から見れば，おどろくほどの発展をとげている。しかし本格的にこれを実施しようとすれば，宇宙開発にも匹敵する組織と専門的に訓練された多くの研究者の協力が必要であろう。こうした研究組織とそれを支える研究者によって，私の見い出したヒントが確かめられることを期待したい。

おわりに

　熱帯では動植物の種が多いということは本当なのか。もし本当に熱帯では動植物の種が温帯よりも多いのなら，それはなぜなのか。私が生態学を志してからずっともち続けてきたこの疑問の解決に少しでも近づくために，年齢的にみても大きなフィールドワークの最後の機会となるであろう西スマトラの2年間を，私はチョウの生態と種相の研究にかけた。

　多雨熱帯アジアの代表的な自然環境，原生林，里山，田畑，町や村の姿を保っているこの地域のチョウ群集は，この目的によく適していた。ただし私が集めたデータはほとんどが成虫の活動に関するものであって，チョウの生活のもう一つの重要な一面である幼虫の生活についてはほとんど触れられなかった。しかしこのデータを手がかりとして，熱帯生態系の種の多様性の解明にいくらかでも接近できればと思い，2年間の調査でこれまでにわかってきたことを，この本にまとめた。まず自然そのものをできるだけ詳しく記録すること，そうして同じ場所を長時間にわたって繰り返して観察すること，これが私の野外研究の原則である。自分で立てたこの原則に従って，チョウとその棲んでいる環境を材料として，熱帯アジアにおける種の多様性の確認とその原因解明の手がかりをつかむことを目ざした。

　同時にこの本では，私は日本を離れて，自然環境も生活文化も違う熱帯の国で研究を続ける研究者の生活の一面を述べたかった。いろいろな会議や交渉のために，あるいは仕事を離れた休暇や観光で熱帯アジアの国を訪問する人は多い。インドネシアでも首都ジャカルタや，有名な観光地であるバリ島には，いつでも数

千人から一万人を越える日本人が滞在している。それらの人たちの見聞もそれなりに意味があるが，このような国際的な大都市や観光名所を離れた地方の町や村で，長い月日を地元の人たちと生活をともにして生きていくうちに，また別の見方ができてくる。こうした日常生活のなかで体験するさまざまな出来事の一端をここに取り上げてみた。私がパダンの町を拠点とした西スマトラの昆虫の研究に通い始めてからもう20年以上になる。特にこの本で述べた2年間は，この町の中に家をもち，町内会に入って住民の一人となって暮らした。それは熱帯アジアの風土とそこに暮らす人たちにかかわる新しい体験と発見の日々であった。この異郷の地に私を暖かく迎えてくれ，不慣れな毎日の生活を助けてくれたミナンカバウの町や村の人々に，私は心からお礼を言いたい。

付記

この本の原稿の仕上げにかかっていた2003年の3月，私は川村俊蔵さんの訃報に接した。川村さんは私がインドネシアで仕事をするきっかけを作ってくれた方であり，「野外生物学」プロジェクトの現地駐在員として，パダンにおける私の前任者であった。川村さんがおられなければ，私のこの仕事はなかったであろう。1964年のカンボジア調査以来，私の東南アジア研究の優れた先達であった川村さんと，1981年から数年間，西スマトラにおける昆虫生態の調査をともにし，1997年9月，ボルネオのサラワクにおいて同じ熱帯林研究を進められるなかで，飛行機事故のために若くして亡くなった井上民二さんを追憶しながら，この本の筆をおきたい。

   2004年5月

              大串龍一

本書で取り上げた西スマトラ州のチョウの種名一覧

　この本で取り上げたスマトラのチョウの種名（学名と和名）の一覧表をここにまとめておく。3調査区における採集個体数はホソチョウ以外は表3-1，4-1，4-2に整理して載せた。その他の地域におけるチョウの採集数はすべてを合計しても100個体に満たないので，この本には載せていない。

　私が西スマトラで調査したチョウの種名は，主として『東南アジア島嶼の蝶』（1〜5巻）および『ボルネオの蝶』（2巻）によって整理した。同定はこれらの図鑑と，日本およびマレーシア，インドネシアのチョウに関する文献によったが，わからないものの若干については矢田脩，千葉秀幸両氏にお願いしたものもある。しかし4000個体を越える多数の展翅標本の大半は，これらのご同定結果と図鑑類を手掛かりとして，私自身で同定した。私はチョウについてはこれまでほとんど研究したことがないので，不慣れで文献も不十分であり，変異個体や不完全な標本については，いちおう種名を決めたが，同定の誤りが入っている可能性はある。とくにタテハチョウ科，シジミチョウ科，セセリチョウ科の種の判定については自信をもてないものがかなりある。この本では，このような問題が残っていることを前提として，現在の段階で考えられる範囲の考察を行った。ご同定をお願いするために送付した少数の標本を除いて，この本に記述したすべての標本はアンダラス大学理学部生物学教室に保存してあるので，種の判定について解明しなければならない問題が生じた場合には，現物について検討することができる。この標本は1997年の私の離任時には，ウル・ガドのスマトラ自然研究センターに保存してあったが，プロジェクトの終了によって同センターに常駐する職員がいなくなったので，2003年1月に私が現地において点検し，保存状態を確認したうえで，チョウ以外の標本（主にガ類，コウチュウ目，カメムシ目，バッタ目で，主体は1995〜1997年にウル・ガド調査区において定期的に実施したビーティングとスウィーピングによる定量採集のサンプル）とともに，リマウ・マニスにあるアンダラス大学理学部のシティ・サルマァ教授の研究室に移して，一括保存を依頼してある。保管をお願いしたシティ・サルマァ教授，イドルス・アバス教授ならびに同定をお願いした九州大学矢田脩教授，千葉秀幸博士に厚くお礼申し上げる。

和名は主に上記の2つの図鑑で命名されている和名によったが，日本周辺にも分布してすでにかなり一般的に使われている和名があるものは，よく知られている和名を使用した。場合によっては両方の和名を併記したこともある。これらの図鑑には記載がなく和名が決まっていない種には，和名を付けていない。また学名の場合，とくに分類が進んだチョウについては，亜種名を記録することが多いが，亜種の判定ができないものは属名・種名だけをこの表に載せた。

本書で取り上げた西スマトラ州のチョウの種名一覧

種名（学名）	和名
Hesperidae	**セセリチョウ科**
1 *Ampittia dioscorides camertes* (Hewitson)	ニセキマダラセセリ
2 *Oriens gola pseudolus* (Mabille)	ハヤシキマダラセセリ
3 *Potanthus omaha copia* Evans	キマダラセセリ
4 *P. trachala trachala* Mabille	トラカラキマダラセセリ
5 *P. conficius dushta* (Fruhstorfer)	コンフィシアスキマダラセセリ
6 *Cephorenes acalle miasicus* Plotz	アカレオキマダラセセリ
7 *Taractrocera luzonensis tissara* Fruhstorfer	ジクレアヒナタキマダラセセリ
8 *Telicota colon vaja* Corbet	ネッタイアカセセリ
9 *T. ohara*	オハラネッタイアカセセリ
10 *Erionota thrax thrax* (L.)	バナナセセリ
11 *Hidari irava* (Moore)	ヤシセセリ
12 *Parnara apostata apostata* Snellen	アポスタタイチモンジセセリ
13 *P. bada bada* (Moore)	ヒメイチモンジセセリ
14 *Borbo cinnara* (Wallace)	キンナラユウレイセセリ
15 *Pelopides agna agna* (Moore)	アグナチャバネセセリ
16 *P. mathias mathias* (Fabricius)	チャバネセセリ
17 *P. conjunctus conjunctus* (Herich-Schafer)	コンジュンクツスチャバネセセリ
18 *Polyteremis lubricans* Herich-Schafer	キモンチャバネセセリ
19 *P.* sp.	チャバネセセリの1種
20 *Caltoris maraya* Evans	クロチャバネセセリの1種
21 *Tagiades japetus balana* Fruhstorfer	シロシタセセリ
22 *Udaspes folus* Cramer	オオシロモンセセリ
23 *Arnetta verones* (Hewitson) 近似種	
24 *Notocrypta paralysos varians* (Piotz)	パラリッスクロセセリ
25 *Ancistrodes nigrita othonas* (Hewitson)	ニグリタショウガセセリ
26 *Koruthaialos sindu sindu* (C.& R. Felder)	シンドウアカオビセセリ
27 *Psolos fuligo fuligo* (Mabille)	ハネナガダモノセセリ
28 Hesperidae sp.2	全体が黒いセセリチョウの1種
Papilionidae	**アゲハチョウ科**
29 *Princeps demoleus maiayanus* Wallace	オナシアゲハ
30 *Papilio polytes theseus* Cramer	シロオビアゲハ
〃 (red-mark type)	シロオビアゲハ（赤紋型）
31 *P. memnon anceus* Cramer	ナガサキアゲハ

本書で取り上げた西スマトラ州のチョウの種名一覧

種名（学名）	和名
32 *P. demolion demolion* Cramer	オビモンアゲハ
33 *P. nephelus albolineatus* Forbs	ネフェルスアゲハ
34 *Pachliopta sristolochiae antiphus* Fab.	ベニモンアゲハ
35 *Graphium sarpedon sarpedon* L.	アオスジアゲハ
36 *G. agamemnon agamemnon* L.	コモンタイマイ
37 *Lamproptera curius curius* Fab.	スソビキアゲハ
Pieridae	**シロチョウ科**
38 *Eurema brigitta drona* Horsfield	ホシボシキチョウ
39 *E. hecabe hecabe* (L.)	キチョウ（ヘカベキチョウ）
40 *E. blanda snelleni* Fruhstorfer	ブランダキチョウ（タイワンキチョウ）
41 *E. alitha bidens* Butler	アリタキチョウ
42 *E. sari sodalis* Moore	サリキチョウ
43 *E. nicevllei nicevllei* Butler	マレーアトグロキチョウ
44 *E. simulatrix* Staudinger	シムラトリックスキチョウ
45 *Gandaca harina* Horsfield	ムモンキチョウ
46 *Dercas gobrisa* Hewitson	ゴブリアストガリキチョウ
47 *Catopsilia scylla cornlia* Fab.	キシタウスキチョウ
48 *C. pomona pomona* Fab.	ウスキシロチョウ
(no-mark type)	〃　　　（ムモン型）
(pomona form)	〃　　　（ギンモン型）
49 *C. pyranthe pyranthe* L.	ウラナミシロチョウ
50 *Appias olferna olferna* Swinhoe	オルフェルナトガリシロチョウ
51 *A. lyncida hippo* Cramer	タイワンシロチョウ
52 *A. cardena hagar* Vollenhouven	カルデナトガリシロチョウ
53 *A. indra* Moore	インドラトガリシロチョウ
54 *A. nero figulina* Butler	ネロトガリシロチョウ
55 *Pareronia varleria lutescens* Butler	アサギシロチョウ
56 *Delias pasithoe triglites* Talbot	アカネシロチョウ
57 *D. hypareta dispoliata* Fruhstorfer	ベニモンシロチョウ
Lycaenidae	**シジミチョウ科**
58 *Lampides boeticus* L.	ウラナミシジミ
59 *Catochrysops panormus* (C.Felder)	ウスアオオナガウラナミシジミ
60 *Jamides celeno aelians* (Fab.)	コシロウラナミシジミ
61 *J. pura*	プラルリウラナミシジミ
62 *Ionolyce helicon superdata* (Fruhstorfer)	トガリバウラナミシジミ
63 *Prosotes nora superdates* (Fruhstorfer)	ヒメウラナミシジミ
64 *P. dubiosa*	ドウビオサヒメウラナミシジミ
65 *Nacaduba biocellata baliensis* Tite	ヒメウラナミシジミの1種
66 *Pithecops corvus* Fruhstorfer	リュウキュウウラボシシジミ
67 *Caleta elna elvira* (Fruhstorfer)	エルナシロサカハチシジミ
68 *Discolampa ethion icenus* (Fruhstorfer)	ムラサキサカハチシジミ
69 *Acytolepis puspa mygdonia* Fruhstorfer	ヤクシマルリシジミ
70 *Megisba malaya* Moore	タイワンクロボシシジミ
71 *Euchrysops cnejus* F.	オジロシジミ

種名（学名）	和名
72 *Hypolycaena erylus teatus* Fruhstorfer	エルリルスツメアシフタオシジミ
73 *Arhopala* sp.	ムラサキシジミの1種
74 *Flos diardi capeta* (Hewitson)	ディアルディニセムラサキシジミ
75 *Everes lacturnus lacturnis* (Godat)	タイワンツバメシジミ
76 *Rapala manea*	マネアトラフシジミ
77 *Deudorix* sp.	ヒイロシジミの1種
78 *Zizina otis otis* (Fab.)	シルビアシジミ
79 *Zizeeria karsandra* (Moore)	ハマヤマトシジミ
80 *Ziziura hylax* (Fab.)	ホリイコシジミ
81 *Allotinus horsfieldi permagnus* Fruhstorfer	ホルスフィールドエビアシシジミ
82 *A.* sp.	エビアシシジミの1種
83 *Curetis felder* Distant	フェルダーウラギンシジミ
Danaidae	**マダラチョウ科**
84 *Euploea leucostrictus vestigiata* Butler	マルバネルリマダラ
85 *E. phaenareta statius* Fruhstorfer	パエナレタルリマダラ
86 *E. mulciber vandeventer* Forbs	ツマムラサキマダラ
87 *E. diocletianus* Fab.	ディオクレティアヌスルリマダラ
88 *Parantica aspasia thargalia* Fruhstorfer	アスパシアアサギマダラ
89 *Ideopsis vulgaris macrina* Fruhstorfer	ブルガリスヒメゴマダラ
90 *I. gaura eudora* Gery	ヒメゴマダラ
91 *Idea lynceus* Drudy	リンケウスオオゴマダラ
92 *I. stolli logani* Moore	ストリィオゴマダラ
93 *Anosia chrysippus chrysippus* (L.)	カバマダラ
94 *A. genutia sumatorana* Moore	スジグロカバマダラ
Nymphidae	**タテハチョウ科**
95 *Junonia hadonia ida* Cramer	イワサキタテハモドキ
96 *J. almana almana* (L.)	タテハモドキ
97 *J. atlites atlites* (L.)	ハイイロタテハモドキ
98 *J. orithya wallacei* Distant	アオタテハモドキ
99 *J. iphita tosca* Fruhstorfer	クロタテハモドキ
100 *Doleschallia bisaltida partipa* C. & R. Felder	イワサキコノハ
101 *Cupha erymanthis erymantis* Drury	タイワンキマダラ
102 *Vagrans sinka sinka* Koller	オナガタテハ
103 *Euthalia aconthea purana* Fruhstorfer	アコンテアイナズマ
104 *E. adonia sumatorana* Fruhstorfer	アドニアイナズマ
105 *E. monina viridibasis* Fruhstorfer	モニナイナズマ
106 *Tanaecia aruna pratyeka* Fruhstorfer	アルナコイナズマ
107 *T. pelea vikrama* C.& R. Felder	ペレアコイナズマ
108 *Cynitia* sp.1	ヒメイナズマの1種
109 *C.* sp.2	ヒメイナズマの1種
110 *Lexias dirtea montana* Hafen	ディルテアオオイナズマ
111 *Stibochiona coresia paupertas* Tsukada	ヒメスミナガシ
112 *Hypolimnas bolina jacintha* Drury	リュウキュウムラサキ
113 *H. misippus* (L.)	メスアカムラサキ

種名（学名）	和名
114 *H. anomala anomala* Wallaca	アノマムラサキ
115 *Eulaceura osteria nicomedia* Fruhstorfer	イチモンジコムラサキ
116 *Cethosia methypsea carolinae* Forbs	メティプセアハレギチョウ
117 *C. hypsea aeole* Moore	ヒプセアハレギチョウ
118 *Cirrochroa malaya malaya* C. & R. Felder	マラヤミナミヒョウモン
119 *Cirrochroa emalea*	エマレアミナミヒョウモン
120 *C. orissa orissa* C.& R. Felder	オリッサミナミヒョウモン
121 *Terinos atlita atlita* Fab.	ビロードタテハ
122 *T. clarissa dinnaga* Fruhstorfer	クラリッサビロードタテハ
123 *Naptis hylas papaja* Moore	リュウキュウミスジ
124 *N. ilira cindia* Eliot	イリラミスジ
125 *Pantoporia paraka paraka* Butler	パラカキンミスジ
126 *Athyma perius hierasus* Fruhstorfer	ミナミイチモンジ
127 *A. nefte subrata* Moore	ネフテミナミイチモンジ
128 *A. asura idita* Moore	アスラミナミイチモンジ
129 *Moduza procris minoe* Fruhstorfer	チャイロイチモンジ
130 *Cyrestis nivea nivalis* C.& R. Felder	ニベアイシガキチョウ
131 *Chersonesia intermedica intermedica* Martin	インテルメディアチビイシガキ
132 *C. rahria rahria* Moore	ラリアチビイシガキ
133 *Charaxes bernsrdus ajax* Fawcett	ベルナルダスフタオ
134 *Acraea issoria alticola* Fruhstorfer	ホソチョウ
Satyridae	**ジャノメチョウ科**
135 *Ypthima philomela philomela* L.	ピロメラウラナミジャノメ
136 *Y. pandocus corticaria* Butker	パンドクスウラジャノメ
137 *Y.* sp.	ウラナミジャノメの1種
138 *Ragadia makutaminova* Fruhstorfer	マクタシマジャノメ
139 *Mycalesis perseus cepheus* Butler	ヒメヒトツメジャノメ
140 *M. mineus macromalayana* Fruhstorfer	ミネウスコジャノメ
141 *M. horsfieldi hermana* Fruhstorfer	ホルスフィエルディコジャノメ
142 *M. orseis orseis* Hewitson	オルセイスコジャノメ
143 *Orsotriaena medus medus* Fab.	メドウスニセコジャノメ
144 *Melantis leda leda* L.	ウスイロコノマチョウ
145 *M. phedima abdullae* Distant	クロコノマチョウ
146 *Elymnias panthera tautra* Fruhstorfer	パンテラルリモンジャノメ
147 *E. nesaea laisidis* de Niceville	ネサエアルリモンジャノメ
Amathusiidae	**ワモンチョウ科**
148 *Amathusia phidippus phidippus* L.	フィデプスコウモリワモン
149 *Faunis canens* Hubner	カネンスヒメワモン
150 *Xanthotania busiris sadija* Fruhstorfer	キオビワモン

索 引

■あ 行■

秋型　159
アサギマダラ群　125
アジア多雨熱帯地域　150
亜社会性の狩り蜂　27
アナイ川　25
アランアランの草原　220
アンダラス大学　3, 25, 36, 49
イスラムの戒律　24
イスラムの国　24
イスラム暦　151
イナズマチョウ群　140
イポー　209
イワハダハラボソバチ　212, 213
インドネシア　11
雨季型　160
ウスイロコノマチョウ　160, 171, 180
ウスキシロチョウ　159
ウスキシロチョウ群　101
ウラナミジャノメ　129
ウル・ガド　41
ウル・ガド地区（ウル・ガド調査区）
　　47, 49, 96, 124, 128, 191, 219
雲霧林　150
永久方形区　70
オオコウモリ　83
オオゴマダラ群　125
オオハラボソバチ属　207
オナシアゲハ　116, 119, 220

■か 行■

カザリシロチョウ群　100, 183
ガド山　48, 121
ガド山地区（ガド山調査区）　49, 67,
　　124, 191, 219
カバマダラ群　126
川村俊蔵　4, 228
乾季型　160

環境の多様性　223
乾燥化　218
乾燥熱帯　150
気温と降水量の周年変化　153
キシタアゲハ　72, 120
季節型　163
季節変化　223
擬態　117, 123, 132, 143, 183
キチョウ群　98, 189
キマダラセセリ群　107
キャベツ　217
キャンパス生活　38
近似種の種間関係　130
クアラルンプール　21, 205
偶産種　55, 190
幻色　128, 141
国際協力事業団（JICA）　3
黒色アゲハ群　116
コジャノメ群　129
コノマチョウ群　131
ゴブリアストガリキチョウ　86, 191,
　　192

■さ 行■

最高最低気温　153
The Ecology of Sumatra　19
坂上昭一　205
サタール小屋　49, 70
里山　19, 40, 78, 86, 218
里山・里地の自然　32, 91
サバ　210
砂漠化　201
サラワク　210
山岳道路の開発　214, 217
時間的多様性　224
シジミチョウ　110
自然史的方法　34
持続的な発展　20

索　引

湿潤熱帯　150
シピサン地区（シピサン調査区）　77,
　　191, 219
シピサン村　30, 79, 81
ジャカルタ　5, 21
ジャワ　5
主調査区　72
シュリヴィジャヤ王国　17
少雨期　165, 168
自律的周期変動　158
シロオビアゲハ　117, 183
シンガポール　21, 210
シンカラック湖　16
森林種の減退　219
森林の荒廃　201
森林伐採　214
錫とゴム　209
スソビキアゲハ　120
スマトラ　5
スマトラ自然研究センター　36, 41,
　　42, 47, 49, 50
生物学科の実習林　40, 77
生物季節　151, 154, 158, 163
セランゴール州　209
前翅長の個体変異　199
草原種の進出　219
草原生態系　148

■た 行■
大森林火災　203, 204
タイマイ類　118
太陽暦　151
タイワンキマダラ　139
多雨期　165, 168
多雨熱帯　150, 157, 158, 163
多型　124
タテハモドキ　161
タテハモドキ群　135
タマリンド　64
チガヤ（現地名アランアラン）　18,
　　48, 64, 96, 102, 103
チャバネセセリ群　105
低湿地林　13, 150
低湿地林帯　12
出作り小屋　67, 69

トカゲ類　185
トガリシロチョウ群　98
毒蝶　123
トバ湖　19
トラ　40
ドリアン　69, 152, 215

■な 行■
夏型　159
西スマトラ　3, 4, 11
ニッケイ　70, 217
日照時間　157
日長　154, 158
日長感受性　154
ネサエアルリモンジャノメ　128,
　　187
ネッタイアカセセリ　106
熱帯雨林　29, 48, 150, 217
熱帯昆虫の多様性　55
熱帯の景観　66
熱帯の里山　81
熱帯の生物多様性　223
熱帯林　150

■は 行■
薄明薄暮行動性　144
パダン　3, 17, 20
パダンセメント（パダンセメント工
　　場）　23, 49, 52
バトサンカール　16
パヤクンブ　16
ハラボソバチ　27, 28, 207, 210, 212
バリサン山脈　12
ハレギチョウ　142, 143
ビーク・マーク　175
ヒメハラボソバチ属　208
フィデプスコウモリワモン　180
ブキティンギ　16
ブランダキチョウ　62, 190-193, 197,
　　203
フレーザーズ・ヒル　124, 205
ベーツ型擬態　183
ヘカベキチョウ　191-193, 197, 203
ベニモンアゲハ　183
ペラク州　209

ホシボシキチョウ　190, 191, 198, 220
補助調査区　60, 66
ホソチョウ　146

■ま 行■

マラッカ海峡　13, 214
マレーシア　55, 210
マレー半島　55, 209
マングローブ林　150
マンゴスチン　152
ミナミイチモンジ　138
ミナミヒョウモン類　139, 140
ミナンカバウ　11, 228
ミナンカバウ王国　16
ミナンカバウ族　17
ミニ・プロジェクト「野外生物学における研究協力と研究者養成」　3
ムモンキチョウ　191, 192
メリイヒメハラボソバチ　212
モンスーン熱帯　150

■や 行■

焼き畑生態系　217
ヤシセセリ　180
ヤシセセリ群　105
ヤモリ　185
有毒　183
吉川公雄　205

■ら 行■

ラセンヒメハラボソバチ　212
ランタナ　136
リマウ・マニス　36, 39, 77, 124
リュウキュウミスジ　138
リュウキュウムラサキ　142
ルリマダラ群　123
ルリモンジャノメ群　132

■わ 行■

ワモンチョウ　143

■著者紹介

大串龍一（おおぐし　りょういち）理学博士

1929年　徳島市で生まれる
1953年　京都大学理学部動物学科卒業
1958年　京都大学大学院理学研究科単位取得退学
1958年　京都府衛生研究所環境衛生課
1960年　長崎県農業試験場果樹部
1962年　長崎県総合農林センター果樹部環境科長
1971年　金沢大学理学部教授
1995年　金沢大学定年退職
1995-1997年　国際協力事業団派遣専門家として，インドネシア
　　　　　西スマトラ州パダン市に駐在
　　　　　インドネシア国立アンダラス大学客員教授

現　在　金沢大学名誉教授　NPO法人河北潟湖沼研究所理事

主な著書
　　　『ミカンの病害虫―防除のすべて』（農山漁村文化協会　1966）
　　　『柑橘害虫の生態学』（農山漁村文化協会　1969）
　　　『農薬なき農業は可能か』（農山漁村文化協会　1972）
　　　『生物的総合防除』（共立出版　1974）
　　　『水生昆虫の世界―流水の生態』（東海大学出版会　1981）
　　　『セミヤドリガ』（文一総合出版　1987）
　　　『栽培植物の保護』（農山漁村文化協会　1988）
　　　『天敵と農薬』（東海大学出版会　1990）
　　　『日本の生態学―今西錦司とその周辺』（東海大学出版会　1992）
　　　『城跡の自然誌―金沢城跡の動物相から』（十月社　1995）
　　　『病害虫・雑草防除の基礎』（農山漁村文化協会　2000）
　　　『水生昆虫の世界―淡水と陸上をつなぐ生命』（東海大学出版会　2004）

kupu-kupuの楽園－熱帯の里山とチョウの多様性
2004年9月20日　初 版 発 行

著　者　　大串龍一

発行者　　本間喜一郎

発行所　　株式会社 海游舎
　　　　　〒151-0061 東京都渋谷区初台 1-23-6-110
　　　　　電話 03 (3375) 8567　　FAX 03 (3375) 0922

プリンティングディレクター　都甲美博
港北出版印刷 (株)・(株) 石津製本所

© 大串龍一 2004

本書の内容の一部あるいは全部を無断で複写複製することは，著作権および出版権の侵害となることがありますのでご注意ください。

ISBN4-905930-37-5　　PRINTED IN JAPAN

出版案内

2025

海底のミステリーサークル。アマミホシゾラフグの雄がつくった「産卵床」(『予備校講師の野生生物を巡る旅Ⅲ』より。©海游舎)

海游舎

植物生態学

大原 雅 著

A5 判・352 頁・定価 4,180 円
978-4-905930-22-8　C3045

植物生態学は，生物学のなかでも非常に大きな学問分野であるとともに，多彩な研究分野の融合の場でもある。植物には大きな特徴が二つある。「動物のような移動能力がないこと」と「無機物から生物のエネルギー源となる有機物を合成すること」である。この特徴を背景として植物たちは地球上の多様な環境に適応し，生態系の基礎を作り上げている。本書は，植物に関わる「生態学の概念」，「種の分化と適応」，「形態と機能」，「個体群生態学」，「繁殖生態学」，「群集生態学」，「生物多様性と保全」などが 14 章にわたり紹介されている。本書により，「植物生態学」が基礎から応用までの幅広い研究分野を網羅した複合的学問であることが，実感できるであろう。大学生，大学院生必読の書です。

植物の生活史と繁殖生態学

大原 雅 著

A5 判・208 頁・定価 3,080 円
978-4-905930-42-6　C3045

分子遺伝マーカーの進歩により，急速に進化した植物の繁殖生態学。しかし，植物の生き方の全貌を明らかにするためには，より多面的研究が必要である。本書は，植物の生活史を解き明かすための，繁殖生態学，個体群生態学，生態遺伝学的アプローチを具体的に紹介するとともに，近年，注目される環境保全や環境教育にも踏み込んで書かれている。

世界のエンレイソウ
－その生活史と進化を探る－

河野昭一 編

A4 変型判・96 頁・定価 3,080 円
978-4-905930-40-2　C3045

春の林床を鮮やかに飾るエンレイソウの仲間は，世界中に 40 数種。これらの地理的分布・生育環境・生活史・進化などを，カラー生態写真と豊富な図版を用いて簡潔に解説した，植物モノグラフの決定版。

環境変動と生物集団

河野昭一・井村 治 共編

A5 判・296 頁・定価 3,300 円
978-4-905930-44-0　C3045

私たちの周囲では，地球環境だけでなく様々な環境変化が進行している。こうした環境変化が生物集団の生態・進化にどのような影響を与えるか。微生物，雑草，樹木，プランクトン，昆虫，魚類などについて，集団内の遺伝変異，個体群や群集・生態系，また理論・基礎から作物や雑草・害虫の管理といった応用面や研究の方法論まで，幅広くまとめた。

野生生物保全技術 第二版
新里達也・佐藤正孝 共編

A5 判・448 頁・定価 5,060 円
978-4-905930-49-5　C3045

野生生物保全の実態と先端技術を紹介した初版が刊行されてから 3 年あまりが過ぎた。この間に，野生生物をめぐる環境行政と保全事業は変革と大きな進展を遂げている。第二版では，法律や制度，統計資料などをすべて最新の情報に改訂するとともに，環境アセスメントの生態系評価や外来生物の問題などをテーマに，新たに 5 つの章を加えた。

ファイトテルマータ
―生物多様性を支える
　　小さなすみ場所―

茂木幹義 著

A5 判・220 頁・定価 2,640 円
978-4-905930-32-7　C3045

葉腋・樹洞・切り株・竹節・落ち葉など，植物上に保持される小さな水たまりの中に，ボウフラやオタマジャクシなど，多様な生物がすんでいる。小さな空間，少ない餌，蓄積する有機物，そうしたすみ場所で多様な生物が共存できるのは何故か。生物多様性の紹介と，競争・捕食・助け合いなど，驚きに満ちたドラマを紹介。

マラリア・蚊・水田
―病気を減らし，生物多様性を
守る開発を考える―

茂木幹義 著

B6 判・280 頁・定価 2,200 円
978-4-905930-08-2　C3045

生物多様性と環境の保全機能が高い評価を受ける水田は，病気を媒介する蚊や病気の原因になる寄生虫のすみ場所でもある。世界の多くの地域では，水田開発や稲作は，病気の問題と闘いながら続けられてきた。病気をなくすため，稲作が禁止されたこともある。本書は，こうした水田の知られざる一面，忘れられた一面に焦点をあてた。

性フェロモンと農薬
―湯嶋健の歩んだ道―

伊藤嘉昭・平野千里・
玉木佳男 共編

B6 判・288 頁・定価 2,860 円
978-4-905930-35-8　C3045

親しかった 9 人の研究者が，湯嶋健氏の「生きざま」を紹介した。農薬乱用批判，昆虫生化学とフェロモン研究の出発点になった論文 15 篇を再録した。このうち 8 篇の欧文論文については和訳して掲載した。湯嶋昆虫学の真髄を読みとってほしい。巻末には著書・論文目録を収録。官庁科学者の壮絶な生き方に感奮するだろう。

天敵と農薬 第二版
―ミカン地帯の 11 年―

大串龍一 著

日本図書館協会選定図書

A5 判・256 頁・定価 3,080 円
978-4-905930-28-0　C3045

農薬が人の健康や自然環境に及ぼす害が知られてから久しいが，現在でもその使用はあまり減っていない。天敵の研究者として出発した著者が，農薬を主とした病害虫防除に携わりながら農作物の病害虫とどう向きあったかを語っている。農業に直接関わっていないが，生活環境・食品安全に関心をもつ人にも薦めたい。

生態学者・伊藤嘉昭伝
もっとも基礎的なことがもっとも役に立つ

辻 和希 編集

A5判・432頁・定価 5,060円
978-4-905930-10-5　C3045

生態学界の「革命児」伊藤嘉昭の55人の証言による伝記。本書一冊で戦後日本の生態学の表裏の歴史がわかる。農林省入省直後の1952年にメーデー事件の被告となり17年間公職休職となるも不屈の精神で，個体群生態学，脱農薬依存害虫防除，社会生物学，山原自然保護と新時代の研究潮流を創り続けた。その背中は激しく明るく楽しく悲しい。

坂上昭一の
昆虫比較社会学

山根爽一・松村 雄・生方秀紀 共編

A5判・352頁・定価 5,060円
978-4-905930-88-4　C3045

坂上昭一の，ハナバチ類の社会性を軸とした1960～1990年の幅広い研究は，国際的にも高い評価をうけてきた。本書は坂上門下生を中心に27名が，坂上の研究手法や研究哲学を分析・評価し，各人の体験したエピソードをまじえて観察のポイント，指導法などを振り返る。昆虫をはじめ，さまざまな動物の社会性・社会行動に関心をもつ人々に薦めたい。

社会性昆虫の
進化生態学

松本忠夫・東 正剛 共編

A5判・400頁・定価 5,500円
978-4-905930-30-3　C3045

アシナガバチ，ミツバチ，アリ，シロアリ，ハダニ類などの研究で活躍している著者らが，これら社会性昆虫の学問成果をまとめ，進化生態学の全貌とその基礎的研究法を詳しく紹介した，わが国初の総説集。各章末の引用文献は充実している。昆虫学・行動生態学・社会生物学などに関係する研究者・学生の必備書である。

社会性昆虫の
進化生物学

東 正剛・辻 和希 共編

A5判・496頁・定価 6,600円
978-4-905930-29-7　C3045

アシナガバチは人間と同じように顔で相手を見分けている。兵隊アブラムシは掃除や育児にも精を出す正真正銘のワーカーだ。アリは脳に頼らず，反射で巣仲間を認識する。ヤマトシロアリの女王は単為生殖で新しい女王を産む。ミツバチで性決定遺伝子が見つかった。エボデボ革命が社会性昆虫の世界にも押し寄せてきた。最新の話題を満載した待望の書。

パワー・エコロジー

佐藤宏明・村上貴弘 共編

A5判・480頁・定価 3,960円
978-4-905930-47-1　C3045

「生態学は体力と気合いだ」「頭はついてりゃいい，中身はあとからついてくる」に感化された教え子たちの，力業による生態学の実践記録。研究対象の選択基準は好奇心だけ。調査地は世界各地，扱う生き物は藻類から哺乳類に至り，仮説検証型研究を突き抜けた現場発見型研究の数々。一研究室の足跡が生態学の魅力を存分に伝える破格の書。

交尾行動の新しい理解
―理論と実証―

粕谷英一・工藤慎一 共編

A5判・200頁・定価 3,300 円
978-4-905930-69-3　C3045

これからの交尾行動の研究で注目される問題点を探る。まずオスとメスに関わる性的役割の分化，近親交配について，従来の理論の不十分な点を検討。次いで，多くの理論モデル間の関係を明快に整理し，理論の統一的理解をまとめた。グッピーとマメゾウムシをモデル生物とした研究の具体例も紹介。生物学，特に行動生態学を専攻する学生の必読書。

擬態の進化
―ダーウィンも誤解した
150年の謎を解く―

大崎直太 著

A5判・288頁・定価 3,300 円
978-4-905930-25-9　C3045

本書の前半は，アマゾンで発見されたチョウの擬態がもたらした進化生態学の発展史で，時代背景や研究者の辿った人生を通して描かれている。後半は著者の研究の紹介で，定説への疑問，ボルネオやケニアの熱帯林での調査，日本での実験，論文投稿時の編集者とのやりとりなどを紹介し，ダーウィンも誤解した150年の擬態進化の謎を紐解いている。

理論生物学の基礎

関村利朗・山村則男 共編

A5判・400頁・定価 5,720 円
978-4-905930-24-2　C3045

理論生物学の考え方や数理モデルの構築法とその解析法を幅広くまとめ，多くの実例をあげて基礎から応用までを分かりやすく解説。

［目次］1. 生物の個体数変動論　2. 空間構造をもつ集団の確率モデル　3. 生化学反応論　4. 生物の形態とパターン形成　5. 適応戦略の数理　6. 遺伝の数理　7. 医学領域の数理　8. バイオインフォマティクス　付録/プログラム集

チョウの斑紋多様性と進化
―統合的アプローチ―

関村利朗・藤原晴彦・
大瀧丈二 監修

A5判・408頁・定価 4,840 円
978-4-905930-59-4　C3045

シロオビアゲハ，ドクチョウの翅パターンに関する遺伝的研究から，適応について何が分かるか。目玉模様の数と位置はどう決まるか。斑紋多様性解明の鍵となる諸分野（遺伝子，発生，形態，進化，理論モデル）について，国内外の最新の研究成果を紹介。2016年8月に開催された国際シンポジウム報告書の日本語版。カラー口絵16頁。

糸の博物誌

齋藤裕・佐原健 共編

日本図書館協会選定図書

A5判・208頁・定価 2,860 円
978-4-905930-86-0　C3045

絹糸を紡ぐカイコ以外，ムシが紡ぐ糸は人間にとって些細な厄介事であって，とりたてて問題になるものではない。しかし，糸を使うムシにとっては，それは生活必需品である。本書ではムシが糸で織りなす奇想天外な適応，例えば，獲物の糸を操って身を守る寄生バチの離れ業や，糸で巣の中を掃除する社会性ダニなど，人間顔負けの行動を紹介する。

トンボ博物学 −行動と生態の多様性−
P.S. Corbet "Dragonflies: Behavior and Ecology of Odonata"

椿 宜高・生方秀紀・上田哲行・東 和敬 監訳
B5判・858頁・定価 28,600円

978-4-905930-34-1　C3045

世界各地のトンボ（身近な日本のトンボも含め）の行動と生態についての研究成果を集大成し，体系的に紹介・解説した．動物学研究者・学生，環境保全，自然修復，害虫の生物防除，文化史研究などに携わる人々の必読・必備書．

1. 序章　幼虫や成虫の形態名称，生態学の用語を解説．
2. 生息場所選択と産卵　トンボの成虫が産卵場所を選択する際の多様性を解説．
3. 卵および前幼虫　卵の季節適応とその多様性を解説．
4. 幼虫：呼吸と採餌　呼吸に使われる体表面，葉状尾部付属器，直腸を解説．
5. 幼虫：生物的環境　幼虫と他の生物との関係を紹介．
6. 幼虫：物理的環境　熱帯起源のトンボが寒冷地や高山に適応してきた要因を議論．
7. 成長，変態，および羽化　幼虫の発育に伴う形態や生理的な変化について解説．
8. 成虫：一般　成虫の前生殖期と生殖期について，その変化を形態，色彩，行動，生理によって観察した例を紹介し，前生殖期のもつ意味とその多様性を議論．
9. 成虫：採餌　成虫の採餌行動を探索，捕獲，処理，摂食などの成分に分解することで，トンボの採餌ニッチの多様性を整理．
10. 飛行による空間移動　大規模飛行と上昇気流や季節風との関係を解説．
11. 繁殖行動　繁殖には，雄と雌が効率よく互いに同種であると認識し，雄が雌に精子を渡し，雌は幼虫の生存に都合の良い場所に産卵する．
12. トンボと人間　トンボに対する人間の感情を，地域文化との関連において紹介．

用語解説　付表　引用文献　追補文献　生物和名の参考文献　トンボ和名学名対照表　人名索引　トンボ名索引　事項索引

生物にとって自己組織化とは何か
−群れ形成のメカニズム−
S.Camazine et al. "Self-Organization in Biological Systems"

松本忠夫・三中信宏 共訳
A5判・560頁・定価 7,480円
978-4-905930-48-8　C3045

シンクロして光を放つホタル，螺旋を描いて寄り集まる粘菌，一糸乱れぬ動きをする魚群など，生物の自己組織化について分かりやすく解説した．前半は自己組織化の初歩的な概念と道具について，後半は自然界に見られるさまざまな自己組織化の事例を述べた．生命科学の最先端の研究領域である自己組織化と複雑性を学ぶための格好の入門書である．

カミキリ学のすすめ

新里達也・槇原 寛・大林延夫・高桑正敏・露木繁雄 共著
A5判・320頁・定価 3,740円
978-4-905930-26-6　C3045

カミキリムシ研究者5人の珠玉の逸話集．分類や分布，生態などの正統な生物学の分野にとどまらず，「カミキリ屋」と呼ばれる虫を愛する人々の習性にまで言及している．その熱意や意気込みが存分に伝わり，プロ・アマ区別なくカミキリムシを丸ごと楽しめる書．

カトカラの舞う夜更け
新里達也 著
B6判・256頁・定価 2,420円
978-4-905930-64-8　C0045

人と自然の関係のありようを語り，フィールド研究の面白さを描き，虫に生涯を捧げた先人たちの鎮魂歌を綴った．市井の昆虫学者として半生を燃やした著者渾身のエッセー集．

kupu-kupuの楽園
−熱帯の里山とチョウの多様性−
大串龍一 著
A5判・256頁・定価 3,080円
978-4-905930-37-2　C3045

JICAの長期派遣専門家としてインドネシアのパダン市滞在時の研究資料などをもとに「熱帯のチョウ」の生活と行動をまとめた．環境の変化による分布，行動の移り変わりの実態が明らかになった．自然史的調査法の入門書．

ニホンミツバチ
―北限の *Apis cerana*―

佐々木正己 著

A5 判・192 頁・定価 3,080 円
978-4-905930-57-0　C0045

冬に家庭のベランダでも見かけることがあり森の古木の樹洞を住み家としてきたニホンミツバチが，120 年前に西洋種が導入され絶滅が心配されながらもしたたかに生きてきた。最近では，高度の耐病性と天敵に対する防衛戦略のゆえに，遺伝資源としても注目されている。その知られざる生態の不思議を，美しい写真を多用して分かりやすく紹介した。

但馬・楽音寺の
ウツギヒメハナバチ
―その生態と保護―

前田泰生 著

A5 判・200 頁・定価 3,080 円
978-4-905930-33-4　C3045

兵庫県山東町「楽音寺」境内に，80 数年も続いているウツギヒメハナバチの大営巣集団。その生態とウツギとのかかわりを詳細に述べ，保護の考え方と方策，さらに生きた生物教材としての活用を提案している。毎年 5 月下旬には無数の土盛りが形成され，ハチが空高く飛びかい，生命の息吹を見せる。生物群集や自然保護に関心のある人々に薦める書。

不妊虫放飼法
―侵入害虫根絶の技術―

伊藤嘉昭 編

A5 判・344 頁・定価 4,180 円
978-4-905930-38-9　C3045

ニガウリが日本中で売られるようになったのは，ウリミバエ根絶の成功の結果である。本書は，不妊虫放飼法の歴史と成功例，種々の問題点，農薬を使用しない害虫防除技術の可能性などを詳しく紹介し，成功に不可欠な生態・行動・遺伝学的基礎研究をまとめた。貴重なデータ，文献も網羅されており，昆虫を学ぼうとする学生，研究者に役立つ書。

楽しき 挑戦
―型破り生態学 50 年―

伊藤嘉昭 著

A5 判・400 頁・定価 4,180 円
978-4-905930-36-5　C3045

拘置所に 9 ヵ月，17 年間の休職にもめげず生態学の研究を続け，頑張って生きてきた。その原動力は一体何だったのか。学問に対する熱心さ，権威に対する反抗，多くの人との関わりなどが綴られている，痛快な自伝。

> 若い人たちに是非読んでもらいたい．近ごろは化石のように珍しくなってしまった，一昔前の日本の男の人生である．（長谷川眞理子さん 評）

熱帯のハチ
―多女王制のなぞを探る―

伊藤嘉昭 著

B6 判・216 頁・定価 2,349 円
978-4-905930-31-0　C3045

アシナガバチ類の社会行動はどのように進化してきたか？ この進化の跡を訪ねて，沖縄，パナマ，オーストラリア，ブラジルなど熱帯・亜熱帯地方で行った野外調査の記録を，豊富な写真と現地でのエピソードをまじえて紹介した。昆虫行動学者の暮らしや，実際の調査の仕方がよく分かる。後に続いて研究してみよう。

アフリカ昆虫学
―生物多様性とエスノサイエンス―

田付貞洋・佐藤宏明・
足達太郎 共編

A5 判・336 頁・定価 3,300 円
978-4-905930-65-5　C3045

生物多様性の宝庫であり，人類発祥の地でもあるアフリカ。そこで生活する多種多様な昆虫と人類は，長い歴史のなかで深く関わってきた。そんなアフリカに飛び込んだ若手研究者と，現地調査の経験豊富なベテラン研究者による知的冒険にあふれた書。昆虫愛好家のみならず，将来アフリカでのフィールド研究を志す若い人たちに広く薦めたい。

虫たちがいて，ぼくがいた
―昆虫と甲殻類の行動―

中嶋康裕・沼田英治 共編

A5 判・232 頁・定価 2,090 円
978-4-905930-58-7　C0045

昆虫や甲殻類の「行動の意味や仕組み」について考察したエッセー集。行きつ戻りつの試行錯誤，見込み違い，意外な展開，予想の的中など，研究の過程で起こる様々な出来事に一喜一憂しながらも，ついには説得力があり魅力に富んだストーリーを編み上げていく様子が，いきいきと描かれている。研究テーマ決定のヒントを与えてくれる書。

メジロの眼
―行動・生態・進化のしくみ―

橘川次郎 著

B6 判・328 頁・定価 2,640 円
978-4-905930-82-2　C3045

オーストラリアのメジロを中心に，その行動，生態，進化のしくみを詳説。子供のときから約束された結婚相手，一夫一妻の繁殖形態，子育てと家族生活，寿命と一生に残す子供の数，餌をめぐる競争，渡りの生理，年齢別死亡率とその要因，生物群集の中での役割などについて述べた。巻末の用語解説は英訳付きで，生態・行動を学ぶ人々にも役に立つ。

島の鳥類学
―南西諸島の鳥をめぐる自然史―

水田 拓・高木昌興 共編

沖縄タイムス出版文化賞
(2018 年度) 受賞

A5 判・464 頁・定価 5,280 円
978-4-905930-85-3　C3045

固有の動植物を含む多様な生物が生息する奄美・琉球。その独自の生態系において，鳥類はとりわけ精彩を放つ存在である。この地域の鳥類研究者が一堂に会し，最新の研究成果を報告するとともに，自身の研究哲学や新たな研究の方向性を示す。これは，世界自然遺産登録を目指す奄美・琉球という地域を軸にした，まったく新しい鳥類学の教科書である。

野外鳥類学を楽しむ

上田恵介 編

A5 判・418 頁・定価 4,620 円
978-4-905930-83-9　C3045

上田研に在籍していた 21 人による，鳥類などの野外研究の面白さと，研究への取り組みをまとめた書。研究データだけではなく，研究の苦労話も紹介している。貴重な経験をもとに，新しく考案した捕獲方法や野外実験のデザイン，ちょっとしたアイデアなども盛り込まれており，野外研究を志す多くの若い人々にぜひ読んでほしい 1 冊。

魚類の繁殖戦略 (1, 2)
桑村哲生・中嶋康裕 共編

(1巻, 2巻)
A5判・208頁・定価2,365円
1巻：978-4-905930-71-6　C3045
2巻：978-4-905930-72-3　C3045

海や川にすむ魚たちは，どのようにして子孫を残しているのだろうか。配偶システム，性転換，性淘汰と配偶者選択，子の保護の進化など，繁殖戦略のさまざまな側面について，行動生態学の理論に基づいた，日本の若手研究者による最新の研究を紹介した。

[目次] **1巻** 1. 魚類の繁殖戦略入門 2. アユの生活史戦略と繁殖 3. 魚類における性淘汰 4. 非血縁個体による子の保護の進化
2巻 1. 雌雄同体の進化 2. ハレム魚類の性転換戦術：アカハラヤッコを中心に 3. チョウチョウウオ類の多くはなぜ一夫一妻なのか 4. アミメハギの雌はどのようにして雄を選ぶか？ 5. シクリッド魚類の子育て：母性の由来 6. ムギツクの托卵戦略

魚類の社会行動 (1, 2, 3)

(1巻)
桑村哲生・狩野賢司 共編
A5判・224頁・定価2,860円
978-4-905930-77-8　C3045

(2巻)
中嶋康裕・狩野賢司 共編
A5判・224頁・定価2,860円
978-4-905930-78-5　C3045

(3巻)
幸田正典・中嶋康裕 共編
A5判・248頁・定価2,860円
978-4-905930-79-2　C3045

魚類の社会行動・社会関係について進化生物学・行動生態学の視点から解説。理論や事実の解説だけでなく，研究プロセスについても，きっかけ・動機・苦労などを詳細に述べた。

[目次] **1巻** 1. サンゴ礁魚類における精子の節約 2. テングカワハギの配偶システムをめぐる雌雄の駆け引き 3. ミスジチョウチョウウオのパートナー認知とディスプレイ 4. サザナミハゼのペア行動と子育て 5. 口内保育魚テンジクダイ類の雄による子育てと子殺し
2巻 1. 雄が小さいコリドラスとその奇妙な受精様式 2. カジカ類の繁殖行動と精子多型 3. フナの有性・無性集団の共存 4. ホンソメワケベラの雌がハレムを離れるとき 5. タカノハダイの重複なわばりと摂餌行動
3巻 1. カザリキュウセンの性淘汰と性転換 2. なぜシワイカナゴの雄はなわばりを放棄するのか 3. クロヨシノボリの配偶者選択 4. なわばり型ハレムをもつコウライトラギスの性転換 5. サケ科魚類における河川残留型雄の繁殖行動と繁殖形質 6. シベリアの古代湖で見たカジカの卵

水生動物の卵サイズ
—生活史の変異・種分化の生物学—
後藤 晃・井口恵一朗 共編

A5判・272頁・定価3,300円
978-4-905930-76-1　C3045

卵には子の将来を約束する糧が詰まっている。なぜ動物は異なったサイズの卵を産むのか？サイズの変異の実態と意義，その進化について考える。またサイズの相違が子のサイズや生存率にどのくらい関係し，その後の個体の生活史にどんな影響を与えるかを考察する。生態学的・進化学的たまご論を展開。どこから読んでも面白く，新しい発見がある。

水から出た魚たち
－ムツゴロウと
　　トビハゼの挑戦－

田北 徹・石松 惇 共著

A5判・176頁・定価 1,980円
978-4-905930-17-4　C3045

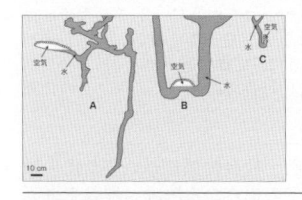

ムツゴロウの分布は九州の有明海と八代海の一部に限られていること，また棲んでいる泥干潟は泥がとても軟らかくて，足を踏み入れにくいなどの理由から，その生態はあまり知られていない。著者たちは長年にわたって日本とアジア・オセアニアのいくつかの国で，ムツゴロウとその仲間たちの研究を行ってきた。本書では，ムツゴロウやトビハゼたちが泥干潟という厳しい環境で生きるために発達させた，行動や生理などについて解明している。

[目次] 1. ムツゴロウって何者？　2. ムツゴロウたちが棲む環境　3. ムツゴロウたちの生活　4. ムツゴロウたちの繁殖と成長　5. ムツゴロウ類の進化は両生類進化の再現　6. ムツゴロウ類の漁業・養殖・料理

左の図は，A. ムツゴロウ，B. シュロセリ，C. トビハゼの産卵用巣孔を示す。

魚類比較生理学入門
－空気の世界に挑戦する魚たち－

岩田勝哉 著

A5判・224頁・定価 3,740円
978-4-905930-16-7　C3045

魚は水中で鰓呼吸をしているが，空気の世界に挑戦している魚もいる。魚が空気中で生活するには，皮膚などを空気呼吸に適するように改変することと，タンパク質代謝の老廃物である有毒なアンモニアの蓄積からどのようにして身を守るかという問題も解決しなければならない。魚たちの空気呼吸や窒素代謝等について分かりやすく解説した。

子育てする魚たち
－性役割の起源を探る－

桑村哲生 著

B6判・176頁・定価 1,760円
978-4-905930-14-3　C3045

魚類ではなぜ父親だけが子育てをするケースが多いのだろうか。進化論に基づく基礎理論によると，雄と雌は子育てをめぐって対立する関係にあると考えられている。本書では雄と雌の関係を中心に，魚類に見られる様々なタイプの社会・配偶システムを紹介し，子育ての方法と性役割にどのように関わっているかを，具体的に述べた。

有明海の生きものたち
－干潟・河口域の生物多様性－

佐藤正典 編

A5判・400頁・定価 5,500円
978-4-905930-05-1　C3045

有明海は，日本最大の干満差と，日本の干潟の40％にあたる広大な干潟を有する内湾である。本書では，有明海の生物相の特殊性と，主な特産種・準特産種の分布や生態について，最新情報に基づいて解説した。諫早湾干拓事業が及ぼす影響も紹介し，有明海の特異な生物相の危機的な現状とその保全の意義も論じている。

シオマネキ
―求愛とファイティング―

村井 実 著

A5判・96頁・定価1,320円
978-4-905930-15-0 C3045

シオマネキは大きなハサミを使ってコミュニケーションしている。これらの行動パターンについて、ビデオカメラを用いての観察や実験結果を紹介。シオマネキの生態、習性、食性、繁殖行動、敵対行動、大きいハサミを動かす行動と保持しているだけの行動、発音と再生ハサミなどについてまとめた。小さなカニに興味はつきない。

生態観察ガイド
伊豆の 海水魚

瓜生知史 著

B6判・256頁・定価3,080円
978-4-905930-13-6 C0645

生態観察に役立つように編集された、斬新な魚類図鑑。約700種・1,250枚の生態写真を、通常の分類体系に準じて掲載。特によく見たい44種については、闘争、求愛、産卵などの写真とともに繁殖期、産卵時間、産卵場所などを具体的に解説し、「観察のポイント」をまとめた。写真には「標準和名」「魚の全長」「撮影者名」「撮影水深」「解説」を記した。

モイヤー先生と
のぞいて見よう海の中
―魚の行動ウォッチング―

ジャック T. モイヤー 著
坂井陽一・大嶽知子 訳

B6判・240頁・定価1,980円
978-4-905930-04-4 C0045

フィッシュウォッチングは、まず魚の名前を覚えることから始まり、生態・行動の観察へと発展する。求愛行動、性転換、雌雄どちらが子育てをするかなど、普通に見られる身近な魚たちの社会生活を詳しく紹介した。生態観察のポイントは何か、何時頃に観察するのがよいかなどを具体的に記した。海への愛情が伝わる1冊。

もぐって使える海中図鑑
Fish Watching Guide

益田 一・瀬能 宏 共編

水中でも使えるように「耐水紙」を使用した新しいタイプの図鑑。水中ノート、魚のシルエットメモが付いているので、水辺や水中で観察したことをその場ですぐに記録することができる。

伊豆（バインダー式）A5変型判・40頁・定価3,300円 978-4-905930-50-1 C0645
沖縄（バインダー式）A5変型判・40頁・定価2,200円 978-4-905930-51-8 C0645
海岸動物（「伊豆」レフィル）B6判・16頁・定価1,281円 978-4-905930-52-5 C0645

海中観察指導マニュアル

財団法人海中公園センター編

A5判・128頁・定価2,200円
978-4-905930-12-9 C0045

「百聞は一見にしかず」。映像や書物で何度見ても、実際に海の中をのぞいて見たときの感動に勝るものはない。スノーケリングによる自然観察会を開催してきた経験をもとに、自然観察・生物観察・危険な生物・安全対策・技術指導・行政との関係・観察会の運営などを、具体的に解説した。どんなことに留意しなければならないかが、よく分かる。

もっと知りたい 魚の世界
― 水中カメラマンのフィールドノート ―

大方洋二 著

B6 判・436 頁・定価 2,640 円
978-4-905930-70-9　C3045

クマノミ・ジンベエザメ・ミノアンコウなど100種の魚を紹介。縄張り争いや摂餌などの興味深い生態が，実際の観察体験に基づいて記されている。ジャック T. モイヤー先生の，魚類に関する行動学関連用語の解説付き。

Visual Guide トウアカクマノミ

大方洋二 著

A5 判・64 頁・定価 2,029 円
978-4-905930-53-2　C0045

沖縄・慶良間での8年間の定点観察により，いつ性転換が起こるのか，巣づくり，産卵，卵を守る雄，ふ化などを写真で記録した。フィッシュウォッチングの手軽な入門書。

Visual Guide デバスズメダイ

大方洋二 著

A5 判・64 頁・定価 2,029 円
978-4-905930-54-9　C0045

サンゴ礁の海で宝石のように輝くデバスズメダイ。その住み家，同居魚，敵，シグナルジャンプ，婚姻色，産卵などを，時間をかけて撮影し，あらゆる角度から紹介。

写真集 海底楽園

中村宏治 著

A3 変型判・132 頁・定価 5,339 円
978-4-905930-80-8　C0072

澄んだメタリックブルーのソラスズメダイ，透き通った触手を伸ばして獲物を待つムラサキハナギンチャクなど，海底の住人たちの妖艶さを伝える，愛のまなざしこもる写真集。美と驚きに満ちた別世界の存在を教える。

写真集 おらが海

Yoshi 平田 著

A4 変型判・96 頁・定価 2,200 円
978-4-905930-90-7　C0072

マレーシアの小さな島マブール島で毎日魚たちと暮らしていた Yoshi のユーモアあふれる作品群。表情豊かな写真に，ユーモラスなコメントが添えられている。

写真集 With…

Yoshi 平田 著

A4 変型判・96 頁・定価 4,400 円
978-4-905930-93-8　C0072

海の生きものたちの生態を，やさしい写真，シャープな写真，楽しいコメントとともに紹介。おまけの CD-ROM で音楽を聞きながら頁をめくると，さらに世界は広がる。記念日のプレゼントに最適。

ハシナガイルカの行動と生態
K.S. Norris et al. "The Hawaiian Spinner Dolphin"

日高敏隆 監修／天野雅男・桃木暁子・吉岡基・吉岡都志江 共訳

A5 判・488 頁・定価 6,600 円
978-4-905930-75-4　C3045

鯨類研究の世界的権威ノリスが，30 年間にわたる科学的研究を通して野生イルカの生活を詳しく解説した。ハシナガイルカの形態学と分類学の記述から始まり，彼らの社会，視覚，発声，聴力，呼吸，採餌，捕食，群れの統合，群れの動きなどについて比較考察している。科学的洞察に満ちた，これまでにない豊かな資料である。

写真で見る
ブタ胎仔の解剖実習
易 勤 監修・木田雅彦 著

A4 判・152 頁・定価 4,400 円
978-4-905930-18-1　C3047

実際の解剖過程の記録写真をまとめた書。写真の順に剖出を進めると，初学者にも解剖手順が分かる。ヒトの構造がよく理解できるよう比較解剖学の視点から説明を加え，発生学的または機能的な理解へと導いている。コメディカル分野・獣医解剖学の実習書や比較解剖学研究にも適切な参考書である。解剖用語の索引にラテン語と英語を併記。

脊椎動物デザインの進化
L.B. Radinsky "The Evolution of Vertebrate Design"

山田 格 訳

A5 判・232 頁・定価 3,080 円
978-4-905930-06-8　C3045

5 億年前に地球に誕生した生命は，環境に適応するための小さな変化の積み重ねによって，今日の多様な生物をつくりだしてきた。本書では，そのプロセスを時間を追って機能解剖学的側面から解説している。非生物学専攻の学部学生を対象とした講義ノートから生まれた本書ではあるが，古生物学や脊椎動物形態学を目ざす人々の必読書である。

予備校講師の
野生生物を巡る旅 Ⅰ, Ⅱ
汐津美文 著

Ⅰ：B6 判・160 頁・定価 1,980 円
　978-4-905930-87-7　C3045
Ⅱ：B6 判・168 頁・定価 1,980 円
　978-4-905930-09-9　C3045

「動物たちが暮らす環境と同じ光や風や匂いを感じたい」という思いで，世界の自然保護区を巡り，各巻 35 章にまとめた。インドのベンガルトラ，東アフリカのチータ，ボルネオのラフラシア，ウガンダのマウンテンゴリラ，フィリピンのジュゴンなど。著者が出会った動物の生態や行動を写真と文によって紹介し，生物の絶滅について考える。

予備校講師の
野生生物を巡る旅 Ⅲ
汐津美文 著

B6 判・204 頁・定価 2,200 円
978-4-905930-10-5　C3045

世界に誇る日本の多様な自然に感動。北海道ではヒグマやオオワシ，ラッコ，シャチなどの行動，奄美大島ではアマミノクロウサギ，ルリカケスや，体長 10cm のアマミホシゾラフグがつくる直径 2m もある産卵床との出会い，パンタナール湿原でカイマンを狩るジャガー，スマトラ島でショクダイオオコンニャクの開花の観察など，豊富な体験を写真と文で紹介。

物理学
―新世紀を生きる人達のために―

高木隆司 著

A5判・208頁・定価 2,200円
978-4-905930-20-4　C3042

物理学の基本概念と発想法を習得することを主眼に執筆された，大学初年級の教科書。数学は必要最小限にとどめ，分かりやすく解説。
[目次] 1. 物理学への導入　2. 決定論の物理学　3. 確率論の物理学　4. エネルギーとエントロピー　5. 情報とシステム　6. 物理法則の階層性　7. 新世紀に向けて

形の科学
―発想の原点―

高木隆司 著

A5判・220頁・近刊
978-4-905930-23-5　C3042

本書の目的は，形からの発想を助けるための培養土を読者につくってもらう手助けをすることである。興味ある形が現れる現象，形が出来あがる仕組みになど，多くの例を紹介。
[目次] 1. 形の科学とは何か　2. 形の基本性質　3. 形が生まれる仕組み　4. 生き物からものづくりを学ぶ　5. あとがきに代えて

身近な現象の科学 音

鈴木智恵子 著

A5判・112頁・定価 1,760円
978-4-905930-21-1　C3042

花火の音や雷鳴から，音の速さは光の速さよりもはるかに遅いことが分かる。では，音を伝える物質によって音の伝わる速さは変わるのだろうか。このような音についての科学を，分かりやすく解説してある。
[目次] 1. 音を作って楽しむ　2. 音波ってどんな波　3. 生物の体と音　4. ヒトに聞こえない音

工学の 基礎化学

小笠原貞夫・鳥居泰男 共著

A5判・240頁・定価 2,563円
978-4-905930-60-0　C3043

「読んで理解できる」ようにまとめられた大学初年級の教科書。それぞれの興味や学力に応じて自発的に選択し学べるよう，配慮した。
[目次] 1. 地球と元素　2. 原子の構造　3. 化学結合の仕組み　4. 物質の3態　5. 物質の特異な性質　6. 炭素の化学　7. ケイ素の化学　8. 水溶液　9. 反応の可能性　10. 反応の速さ

人物化学史事典
―化学をひらいた人々―

村上枝彦 著

A5判・296頁・定価 3,850円
978-4-905930-61-7　C3043

アボガドロやノーベル，M.キュリー，寺田寅彦，利根川進，ポーリングなど，化学の進歩発展に尽くした科学者379名を紹介。科学者を五十音順に並べ，原綴りと生年月日，生い立ち，研究業績やエピソードなどを時代背景とともに述べている。巻末の詳しい人名索引，事項索引は，検索などに役立つ。

ちょっとアカデミックな お産の話

村上枝彦 著

A5判・152頁・定価 1,650円
978-4-905930-62-4　C3040

哺乳動物はどんなふうにして胎盤を作り出したのか，それは生命発生以来5億年といわれる長い歴史のなかで，いつ頃だったのか。母親と胎児の血管はつながっていないのに，どうやって母親の血液で運ばれた酸素が胎児に伝わるのだろうか？　胎盤が秘めている歴史について考察し，簡略に解説した。

性と病気の **遺伝学**

堀 浩 著

A5 判・200 頁・定価 2,420 円
978-4-905930-89-1　C3045

「性はなぜあるのか」,「性はなぜ二つしかないのか」,「性染色体の進化」,「遺伝病の早期発見」など, テーマを示して遺伝学の面白さ・奥深さへと導く。ヒトの遺伝的性異常・同性愛・遺伝と性・遺伝と病気など, 生命倫理について考えさせられる内容に満ちている。

学力を高める
総合学習の手引き

品田 穰・海野和男 共著

A5 判・136 頁・定価 2,640 円
978-4-905930-07-5　C3045

学校教育改革の一つとして「総合的な学習の時間」が設定された。その意義・目的・方法と, 考える力をつける必要性を述べている。生きものとしてのヒトに戻り, 原体験を獲得して, 課題を発見し解決し, 行動する。そんな力はどうしたら身につくのか。動植物の生態写真を多く使用し, 具体例を示している。

動物園と私

浅倉繁春 著

B6 判・204 頁・定価 1,650 円
978-4-905930-01-3　C0045

動物園の役割は, 単に動物を見せる場という考え方から, 種の保存・教育・研究の場へと大きく変わった。東京都多摩動物公園, 上野動物園の園長として, 35 年間も動物と関わってきた著者が, パンダの人工授精など多くのエピソードをまじえて紹介。

アシカ語を話せる素質

中村 元 著

B6 判・152 頁・定価 1,335 円
978-4-905930-02-0　C0045

動物たちとのコミュニケーションの方法は？それは, 彼らの言葉が何であるかを知ることです。アシカのショートレーナーから始まった水族館での飼育経験や, 海外取材調査中に体験した野生動物との出会いから得た動物たちとの接し方を生き生きと述べた。

プロの写真が自由に楽しめる
ぬり絵スケッチブック

写真　木原 浩
作画　木原いづみ

植物写真家の写真を, 画家が下絵に描き起こし彩色した, 上級を目ざす大人のぬり絵。自分の使いやすい画材を選び, 写真と作画見本を見比べながら下絵に色が塗れます。塗りかたのワンポイントアドバイスが付いています。

〈春〉A4 変型判・56 頁・定価 1,320 円　978-4-905930-97-6　C0071
〈秋〉A4 変型判・56 頁・定価 1,320 円　978-4-905930-96-9　C0071

セツブンソウ（『ぬり絵スケッチブック〈春〉』より）

蜂からみた花の世界
－四季の蜜源植物と
ミツバチからの贈り物－

佐々木正己 著

B5判・416頁・定価 14,300円
978-4-905930-27-3　C3045

身近な植物や花が，ミツバチにはどのように見え，どのように評価されているのだろうか。第1部では680種の植物について簡明に解き明かしている。蜜・花粉源植物としての評価，花粉ダンゴの色や蜜腺，開花暦の表示など，養蜂生産物に関わる話題を中心にエッセー風に記され，実用的で役立つ。1,600枚の写真は，ミツバチが花を求める世界へ楽しく誘ってくれる。第2部では採餌行動やポリネーション，ハチ蜜，関連する養蜂産物などが分かりやすく簡潔にまとめられている。

多様な蜜源植物とそれらの流蜜特性，蜂の訪花習性などをもっと知ることができ，「ハチ蜜」に親しみが増す書である。

- 680種・1,600枚を収録。それぞれについて「蜜源か花粉源か」を分類し，「蜜・花粉源としての評価」を示してある。
- 192種の花粉ダンゴの色をデータベース化して表示した。さまざまな色の花粉ダンゴが，実際に何の花に行っているかを教えてくれる。
- 282種の開花フェノロジーを表示した。これにより，実際に咲いている花とその流蜜状況をより正確に知ることができる。
- 一部の蜜源については，花の香りとハチ蜜の香りの成分を比較して示した。

イチゴの花上でくるくる回りながら受粉するミツバチと，きれいに実ったイチゴ

- ご注文はお近くの書店にお願い致します。店頭にない場合も，書店から取り寄せてもらうことが出来ます。
- 直接小社へのご注文は，書名・冊数・ご住所・お名前・お電話番号を明記し，E-mail：kaiyusha@cup.ocn.ne.jp までお申し込み下さい。
- 定価は税10％込み価格です。

〒151-0061 東京都渋谷区初台1-23-6-110
株式会社 海游舎
TEL：03 (3375) 8567　　FAX：03 (3375) 0922
【URL】https://kaiyusha.wordpress.com/